山西省气象标准体系

王文义　主编

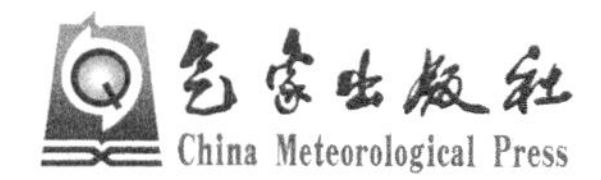

内 容 简 介

标准是经济活动和社会发展的技术支撑，是国家基础性制度的重要方面。《山西省气象标准体系》围绕山西省资源型经济转型发展的重点任务，结合气象部门工作实际，对标对表民生需求、国家重大战略需求、标准化试点省改革需求和气象改革发展需求，建立了结构合理、内容全面、层次分明、重点突出、科学适用的山西省气象标准体系，营造标准先行、依标办事的行业氛围，发挥标准化在气象参与社会治理以及公共气象服务中的基础性和战略性作用。

图书在版编目（CIP）数据

山西省气象标准体系 / 王文义主编. -- 北京 : 气象出版社, 2022.9
ISBN 978-7-5029-7816-7

Ⅰ. ①山… Ⅱ. ①王… Ⅲ. ①气象－标准－山西 Ⅳ. ①P4-65

中国版本图书馆CIP数据核字(2022)第176497号

山西省气象标准体系
Shanxi Sheng Qixiang Biaozhun Tixi

出版发行：气象出版社
地　　址：北京市海淀区中关村南大街 46 号　邮政编码：100081
电　　话：010-68407112（总编室）　010-68408042（发行部）
网　　址：http://www.qxcbs.com　E-mail：qxcbs@cma.gov.cn
责任编辑：张　斌　张玥滢　终　　审：吴晓鹏
责任校对：张硕杰　责任技编：赵相宁
封面设计：艺点设计
印　　刷：北京中石油彩色印刷有限责任公司
开　　本：710 mm×1000 mm　1/16　印　　张：4
字　　数：83 千字
版　　次：2022 年 9 月第 1 版　印　　次：2022 年 9 月第 1 次印刷
定　　价：28.00 元

本书编委会

主　编：王文义

副主编：王云峰　郝智利　李培仁

编　委：郗　君　杨世刚　张红雨　孙　燕　段成钢　赵红妮

顾　问：梁亚春　秦爱民　胡　博　刘凌河　胡建军

编　写　组

裴　真　李清华　岳　江　张　晓　相　栋

王菀萌　张俊兵　郭原原

前　言

标准是经济活动和社会发展的技术支撑，是国家基础性制度的重要方面。标准化在推进国家治理体系和治理能力现代化的进程中发挥着基础性、战略性、引领性作用。习近平总书记指出，“标准是人类文明进步的成果”。标准已成为世界“通用语言”，产品竞争、企业竞争已演变成标准与标准体系之争，可谓“得标准者得市场”。标准助推创新发展，标准引领时代进步。

标准体系是一定范围内的标准按其内在联系形成的科学的有机整体。标准体系表是包含现有、应有和预计制定标准的蓝图，是一种标准体系模型。构建标准体系是运用系统论指导标准化工作的一种方法。构建标准体系主要体现为编制标准体系结构图和标准明细表、提供标准统计表、编写标准体系编制说明，是开展标准体系建设的基础和前提工作，也是编制标准制（修）订规划和计划的依据。标准体系有一定的范围，它是由该范围内的标准组成的，其中的标准是相互依存、相互影响的关系，不同层级的标准相互补充、互为制约，对该范围内的产品、管理、服务等各种要素进行规范。

标准体系是标准化工作的基础和先导，气象标准体系是否科学、系统是制约我国气象标准化事业发展的关键问题之一，构建科学的、系统的、有效的气象标准体系是我国气象事业发展的重要推动力。庄国泰局长指出，“气象事业作为科技型、基础性、先导性的社会公益事业，在国家经济社会高质量发展中担负着生命、生产、生活、生态全方位的服务保障作用。要以高标准引领气象事业高质量发展，这是实现气象科技创新、促进高水平开放共享、引领高质量发展的必然要求。”

“十四五”时期是开启全面建设社会主义现代化国家新征程、向第二个百年奋斗目标进军的第一个五年。进入新阶段，新形势对气象标准化工作提出了新的要求。一是习近平总书记关于气象工作的重要指示以及党和国家对气象标准化工作的决策部署，为新时代气象标准化工作指明了发展方向，提出了更高要求；二是把握新发展阶段、贯彻新发展理念、构建新发展格局，加快建设气象强国，为气象标准化工作确立了新定位，明确了新思路；三是对标气象社会治理的新需求，实现气象科技自立自强、提高气象服务保障能力，为气象标准化工作布置了新任务。

要真正实现气象事业高质量发展，单靠某一个标准或者某几个标准肯定是不够的，作用也是非常有限的。气象的产业链特色十分明显，上下游关系非常重要。因此，应该坚持系统思维，站在中央和地方的高度看问题，将气象事业的各方面纳入标准体系去管理，坚持质量理念，树立质量意识，推进质量管理。

编者

2022 年 6 月

目　录

第 1 章　山西省气象标准化工作发展目标

《国家标准化发展纲要》提出,“到 2025 年,实现标准供给由政府主导向政府与市场并重转变,标准运用由产业与贸易为主向经济社会全域转变,标准化工作由国内驱动向国内国际相互促进转变,标准化发展由数量规模型向质量效益型转变”“到 2035 年,结构优化、先进合理、国际兼容的标准体系更加健全,具有中国特色的标准化管理体制更加完善,市场驱动、政府引导、企业为主、社会参与、开放融合的标准化工作格局全面形成”。中国气象局提出未来五年要“建立覆盖齐全、先进适用、开放兼容的标准体系”“形成科学高效、多元参与、协同推进的标准化格局”,标准的权威性和适用性明显增强。山西省作为标准化试点省,提出“在标准化推进机制上取得标志性突破、在新型标准体系建设上取得标志性突破、在标准水平提升上取得标志性突破、在标准推广应用上取得标志性突破”的改革总体目标。

山西省气象标准化工作发展目标以习近平新时代中国特色社会主义思想为指导,深入贯彻党的十九大和历次全会精神,围绕山西省高质量发展的重点任务,结合气象行业工作实际,对标对表民生需求、国家重大战略需求、标准化试点省改革需求和气象改革发展需求,树立以高标准推动气象事业高质量发展的工作理念,积极建立结构合理、内容全面、层次分明、重点突出、科学适用的山西省气象标准体系,营造标准先行、依标办事的行业氛围,发挥标准化在气象参与社会治理和公共气象服务中的基础性和战略性作用。

第2章 山西省气象标准化工作组织管理

山西省气象局在中国气象局领导和山西省市场监督管理局的指导下，组织全省气象行业气象标准化的领导和管理职能作用。山西省气象标准化工作组织管理结构见图2.1。

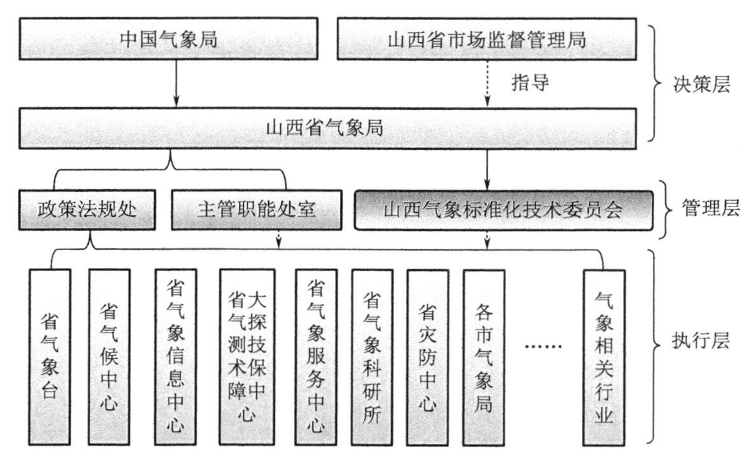

图2.1 山西省气象标准化工作组织管理结构图

山西省气象标准化工作管理层主要是山西省气象局政策法规处和其他业务主管职能处室。政策法规处负责组织贯彻落实标准化工作的法律法规，落实中国气象局和省标准化行政主管部门标准化工作的有关政策、规定和要求，拟订山西省气象标准化管理的相关工作制度；负责牵头组织全省气象标准体系建设，建立气象标准制(修)订计划项目库。组织国家标准、行业标准和地方标准制(修)订计划项目的立项申报；负责综合指导、协调和管理，督促立项计划落实，组织开展气象标准化学习、宣传、培训等工作。**其他业务主管职能处室**负责组织分管工作领域的标准体系框架设计，提出气象标准项目需求和制(修)订计划建议；负责对分管工作领域标准制(修)订项目进行业务指导、宣传贯彻、实施和适用性评估，组织开展分管工作领域标准实施监督检查(表2.1)。

表2.1 各主管职能处室标准化管理工作领域分工

主管职能处室	分管标准化工作领域
办公室	气象标准化科普宣传、应急管理
应急与减灾处	应急服务、灾害预警发布、公共气象服务、农业气象业务、环境气象服务、人工影响天气

续表

主管职能处室	分管标准化工作领域
观测与网络处	气象观测业务、观测技术装备、气象信息网络、气象资料与应用、卫星气象与遥感应用、大气成分
科技与预报处	天气预报、气候与气候变化业务服务、气候资源开发利用、数值天气预报及专业气象预报模式、科技项目与成果管理
计划财务处	气象工程项目管理
人事处	从业资质、教育培训等人才管理
政策法规处	雷电防护管理

山西省气象标准化技术委员会在山西省气象局和山西省市场监督管理局领导下行使管理职能。具体负责研究制定山西省气象领域技术标准体系，对气象地方标准立项提出意见建议；组织相关单位制（修）订气象地方标准，协助相关单位参与制（修）订国际标准、国家标准和行业标准，推动气象领域技术创新成果转化为标准；承担气象地方标准日常管理工作，负责组织气象地方标准征求意见、技术审查、备案报送和复审，协助组织气象地方标准评审，并建立相关工作档案；组织召开标准化技术委员会全体委员会工作会议，及时总结报告工作，组织开展气象领域相关标准的宣传贯彻、培训和技术咨询；开展气象领域标准化专题研究，对重要标准的实施成效进行评估；协助山西省气象局职能管理部门承办其他标准化工作。

山西省气象标准化工作执行层主要包括山西省气象局直属单位、各市气象局以及其他气象相关行业部门。具体负责贯彻落实国家和省有关标准化的法律、法规、方针和政策，制定贯彻实施的具体办法；负责研究、拟订本工作领域的标准体系；组织申报本工作领域的气象国家标准、行业标准、地方标准项目并按计划完成标准制（修）订任务；建立本单位的标准执行清单，组织气象国家标准、行业标准和地方标准在本单位的学习宣传、贯彻执行和实施信息反馈。

第3章 山西省气象标准制（修）订流程管理

3.1 气象行业标准制(修)订流程管理

3.1.1 立项阶段管理

中国气象局政策法规司发布标准项目申报指南，申报人对照指南通过中国气象标准化网“气象标准制（修）订管理系统”填写项目申报材料，提交到省级主管机构（山西省气象局）审查，审查通过后提交到中国气象局政策法规司组织审核，审核通过后由中国气象局审批下达。

3.1.2 编制阶段管理

气象标准制（修）订计划下达后，负责起草单位应当及时组织成立标准起草组，制定标准编制工作计划；气象标准制（修）订计划下达之日起八个月内完成标准征求意见材料；在征求意见的基础上，两个月内完成征求意见汇总处理表，并将标准送审稿、编制说明、征求意见汇总处理表等标准送审材料报送山西省气象局进行初审。

3.1.3 审查阶段管理

山西省气象局初审后组织有关标准化技术委员会预审查，并在两个月内将符合要求的送审材料报送中国气象局政策法规司；政策法规司组织预审查。预审查一般采取会议形式，预审查专家一般不少于5人。

3.1.4 审批与发布管理

山西省气象局将初审后的标准报批材料报送标准化技术委员会，由其将核对后的标准报批材料报送中国气象局政策法规司。政策法规司委托研究机构进行标准化技术审查；研究机构将出具标准化技术审查意见告知起草组并抄送标准化技术委员会。编写组按照标准化技术审查意见进行修改并反馈。政策法规司对气象标准报批材料进行审核并会签有关职能司后，属国家标准的，按有关程序和要求报送国务院标准化主管机构审批发布；属于行业标准的，报送中国气象局审批、编号、发布。山西省气象行业标准管理流程见图3.1。

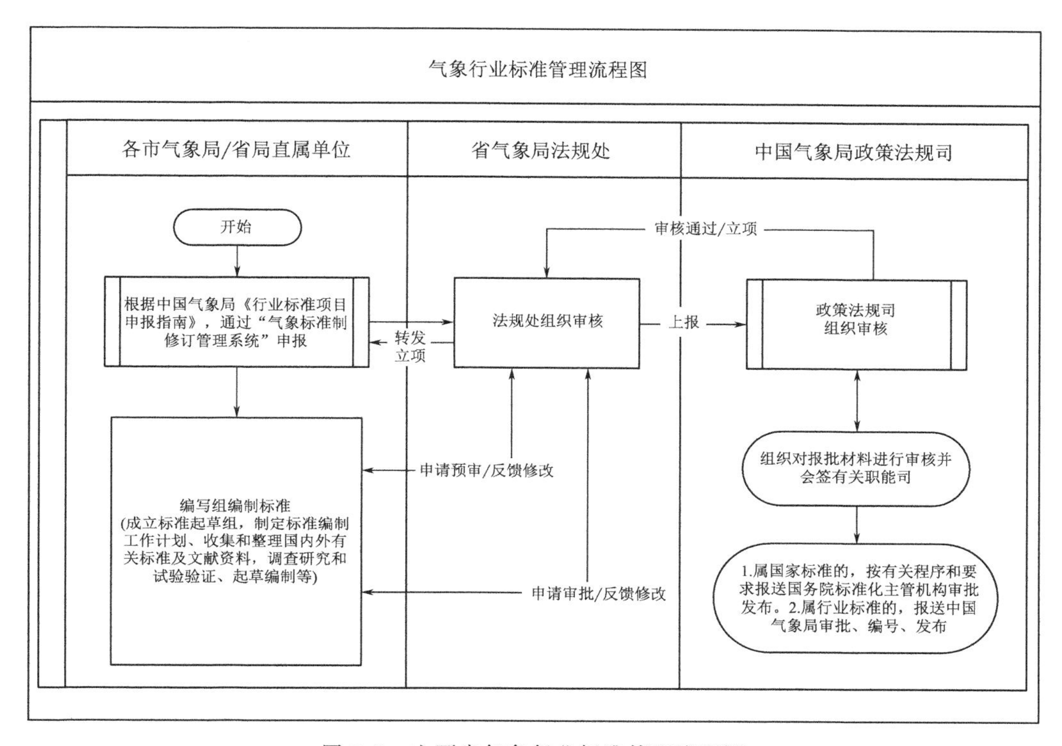

图 3.1　山西省气象行业标准管理流程图

3.2　气象地方标准制(修)订流程管理

3.2.1　立项阶段管理

根据山西省市场监督管理局征集标准计划项目的通知，结合山西省气象工作实际，政策法规处下发征集通知，项目申请人根据通知要求填报项目申请表，提交申请材料。政策法规处组织标准化技术委员会对申报材料进行审核，通过的项目向山西省市场监督管理局正式行文提交。气象地方标准项目由山西省市场监督管理局标准化管理处进行立项审查，并下达年度标准制(修)订计划。

3.2.2　编制阶段管理

地方标准制(修)订计划下达后进入编制阶段。该阶段应进行调查研究、综合分析、试验验证、文本编制等。计划下达后，负责起草单位应当及时组织成立标准起草组，制定标准编制工作计划，转入标准编制阶段。

3.2.3 征求意见阶段管理

该阶段中，标准起草组就标准文本要向相关领域不同群体征求意见，并综合分析征求到的意见，完善标准文本，为标准审查做好准备。

3.2.4 审查阶段

标准经征求意见、完善文本后，起草组向山西省气象局报送审查材料。气象地方标准项目由省市场监督管理局或者其委托山西省气象局、山西省气象标准化技术委员会等相关领域专家或者管理人员组成审查委员会进行预审，提出调整建议。起草组根据预审会专家意见进行修改并形成送审材料。由省市场监督管理局或者其委托山西省气象局、山西省气象标准化技术委员会进行终审。

3.2.5 批准发布阶段

标准审查通过后进入批准发布阶段。气象地方标准由山西省市场监督管理局统一编号、批准、发布，并向国务院标准化行政主管部门备案。在气象地方标准出版后三十日内，由山西省气象局政策法规处通过“气象标准化网”的“气象地方标准报告”系统，完成地方标准信息上报工作。山西省气象地方标准管理流程见图 3.2。

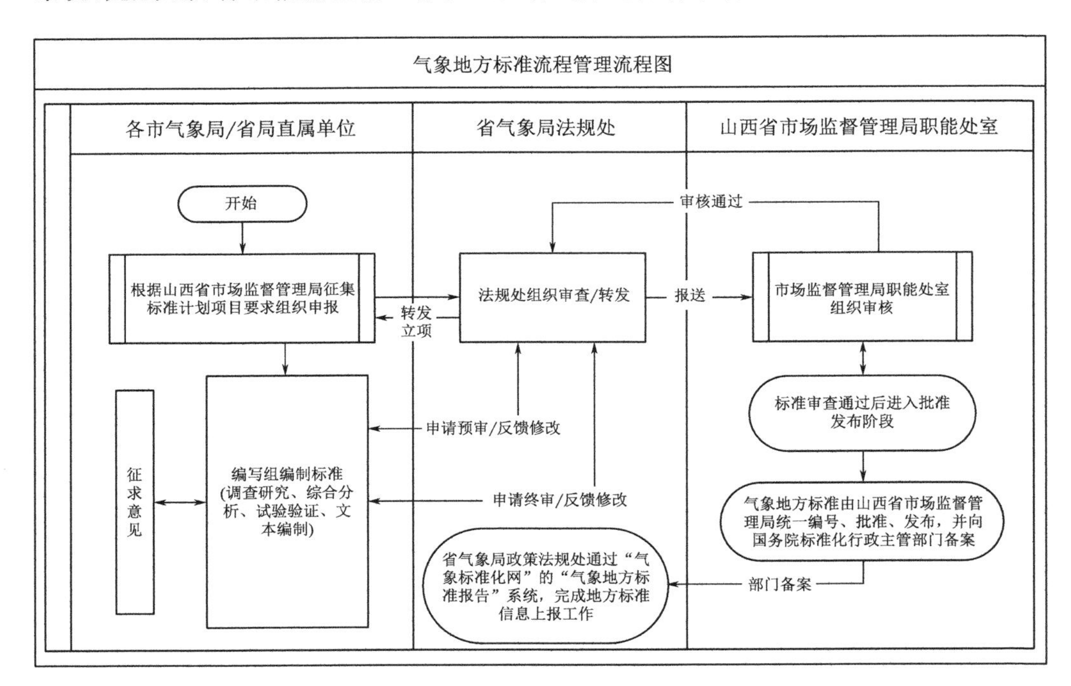

图 3.2　山西省气象地方标准管理流程图

第4章　山西省气象标准体系的构建

气象是科技型、基础性、先导性社会公益事业，是国家治理体系的重要组成部分。气象标准是开展气象业务、服务、科技和管理的重要技术支撑。通过构建山西省气象标准体系，有利于更好地发挥气象标准的技术权威性和系统综合性，促进气象标准研制系统性，为推进山西省气象现代化和实现高质量发展提供支撑和保障。

4.1　总体要求

4.1.1　指导思想

坚持以习近平新时代中国特色社会主义思想为指导，深入学习贯彻习近平总书记关于气象工作重要指示，围绕提升“监测精密、预报精准、服务精细”能力，按照省委“四为四高两同步”的总体思路和要求，充分发挥标准的技术支撑和基础保障作用，加强气象关键技术标准研制，把气象标准贯穿于气象业务、服务、科技和管理工作的全过程，从通用基础、气象防灾减灾、应对气候变化、公共气象服务、气象预报预测、气象观测、气象信息、人工影响天气、生态气象、农业气象、卫星气象、航空气象、大气成分、雷电灾害防御、气象综合14个领域，构建“结构合理、内容全面、重点突出、适应气象现代化需求”的山西省气象标准体系，为生命安全、生产发展、生活富裕、生态良好提供高质量气象服务保障，在山西省转型高质量发展新征程上不断推进气象工作现代化。

4.1.2　基本原则

需求引领、顶层设计。围绕人民群众对气象服务的实际需求，聚焦破解气象事业发展的难点、重点和热点问题，搭建符合实际、满足需求的标准化工作框架，使体系成为推动气象标准化工作的“路线图”和“施工图”。

全面系统、重点突出。系统梳理国家标准、行业标准、地方标准，构建内容全面、结构完整、层次清晰的标准体系，重点围绕气象防灾减灾、应对气候变化、公共气象服务、气象预报预测、气象观测、气象基本信息、人工影响天气等制定标准。

科学规范、协调统一。以国家相关法律法规、方针、政策以及国家标准为依据，科学构建全省气象标准体系，运用“统一、协调、简化、优化”的标准化原理推动标准之间的协调统一。

开放兼容、动态优化。结合经济社会发展对气象的新要求，适时对标准进行更新、补充和完善，保持体系的开放性和可扩充性，在航空气象等方面预留必要的发展空间。

共享共用，服务社会。坚持服务国家、服务人民，为促进国家发展进步、保障改善民生、防灾减灾救灾和社会治理提供基础保障，立足民生，面向行业、面向经济社会发展，“开门写标准”，共建共享，更好地发挥气象标准在公共气象服务和社会管理中的支撑和引领作用。

4.2 建设依据

4.2.1 法律法规及规章

1.《中华人民共和国气象法》

2.《中华人民共和国标准化法》

3.《人工影响天气管理条例》

4.《气象灾害防御条例》

5.《气象设施和气象探测环境保护条例》

6.《山西省标准化条例》

4.2.2 国家政策文件及规划

1.《国务院办公厅关于印发国家标准化体系建设发展规划（2016—2020 年）的通知》（国办发〔2015〕89 号）

2.《国务院关于印发深化标准化工作改革方案的通知》（国发〔2015〕13 号）

3.《中国气象局 国家标准化管理委员会关于印发〈气象标准化管理规定〉的通知》（气发〔2020〕23 号）

4.《中国气象局关于印发〈关于进一步深化气象标准化工作改革的意见〉的通知》（气发〔2019〕48 号）

5.《中国气象局关于印发“十三五”气象标准体系框架及重点气象标准项目计划的通知》（气发〔2017〕26 号）

6.《中国气象局办公室关于印发〈气象标准制修订管理细则（修订版）〉的通知》（气办发〔2016〕10 号）

4.2.3 省级政策文件及规划

1.《山西省标准化体系建设发展规划（2016—2020）》（晋政办发〔2016〕122 号）

2.《山西省人民政府办公厅关于印发全省推进标准化工作改革发展 2019—2020 年行动计划的通知》（晋政办发〔2019〕56 号）

3.《山西省市场监督管理局关于下达 2020 年度山西省标准体系项目计划的通知》（晋市监发〔2020〕216 号）

4.《山西省气象局关于印发〈山西省气象局进一步深化气象标准化工作改革实施方案〉的通知》(晋气〔2019〕59 号)

5.《山西省气象局关于印发〈山西省气象标准制修订管理办法(试行)〉的通知》(晋气发〔2020〕19 号)

4.2.4　相关标准

1.《标准体系构建原则和要求》(GB/T 13016—2018)

2.《标准化工作导则　第 1 部分:标准化文件的结构和起草规则》(GB/T 1.1—2020)

4.3　建设思路

按照《标准体系构建原则和要求》(GB/T 13016—2018)的规范要求,参考国家、部分省市气象标准体系,结合山西省气象现状和发展方向,确定标准层级、标准类别、标准领域等三个标准体系的构成因素,并制成山西省气象标准体系构成因素图(图 4.1)。

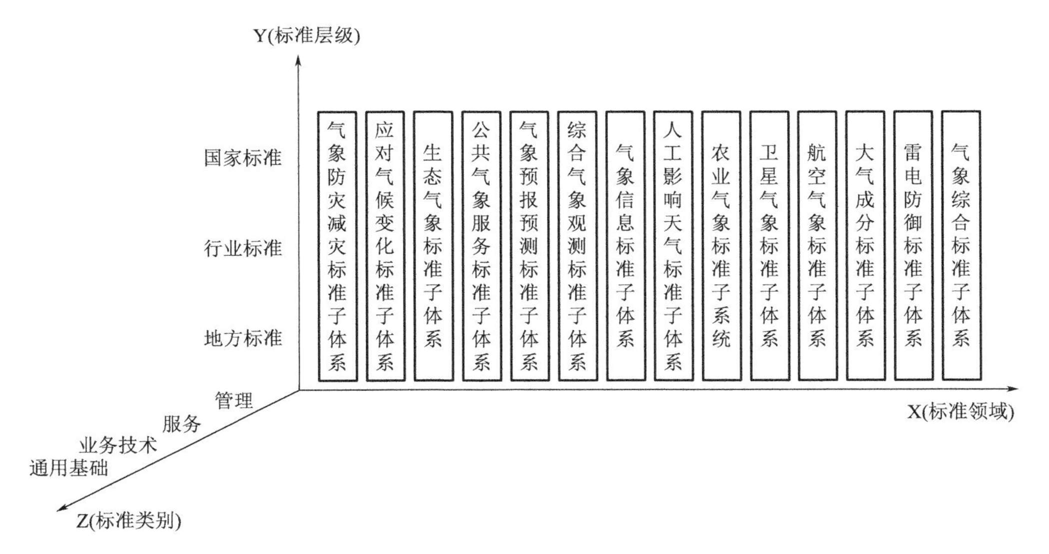

图 4.1　山西省气象标准体系构成因素图

第一维度:标准层级(Y)。包括国家标准、行业标准、地方标准。

第二维度:标准类别(Z)。包括通用基础、业务技术、服务和管理。

通用基础类标准指气象术语、符号等用于工作衔接的标准;业务技术类标准指气象行业工作人员开展气象观测、预报等气象业务技术工作需遵循的标准;服务类标准指面向政府领导、社会公众、专业用户等各类气象服务对象的标准;管理类标准指用于规范管理工作或为履行气象管理职能提供支撑的标准。

第三维度：标准领域(X)。包括：气象防灾减灾、应对气候变化、生态气象、公共气象服务、气象预报预测、综合气象观测、气象信息、人工影响天气、农业气象、卫星气象、航空气象、大气成分、雷电防御、气象综合标准子系统。

4.4 体系框架

4.4.1 总体结构

按照《标准体系构建原则和要求》(GB/T 13016—2018)中关于标准体系总体结构的规定，结合山西省气象标准体系构成因素，构建山西省气象标准体系总体结构，并制成山西省气象标准体系结构图(图 4.2)。

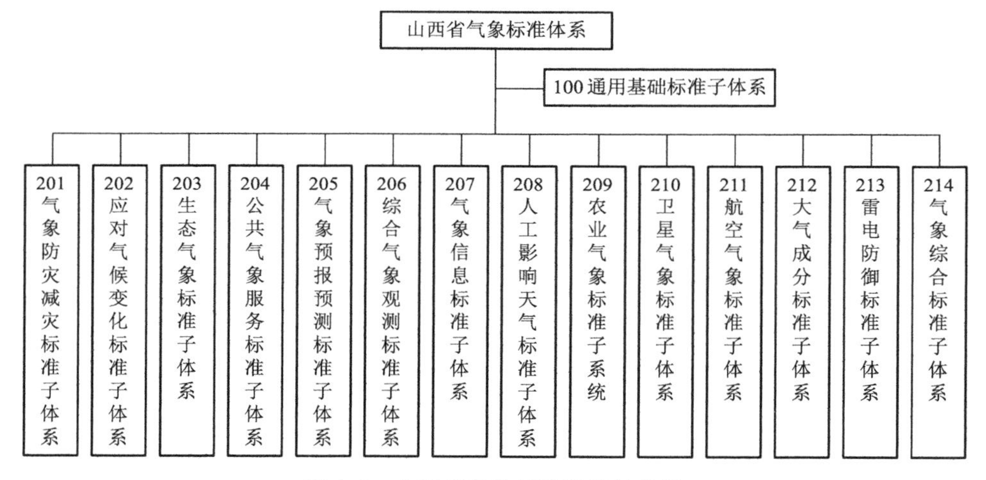

图 4.2 山西省气象标准体系结构图

4.4.2 体系构成

1. 通用基础标准子体系。指具有指导意义的气象规范性通用性的描述类文件，是整个标准体系的基础。包括：标准化导则、术语和缩略语标准、符号与标志标准、数值与数据标准、测量标准等(图 4.3)。

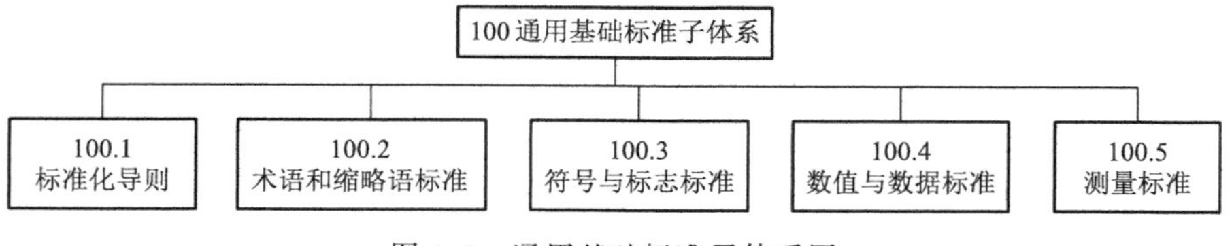

图 4.3 通用基础标准子体系图

2. 气象防灾减灾标准子体系。指发挥气象防灾减灾作用，提供政府、部门和社会提供的气象减灾服务，特制定颁布的有关气象防灾减灾方面的标准。包括：灾害等级、预警发布、防御应急、调查评估等（图 4.4）。

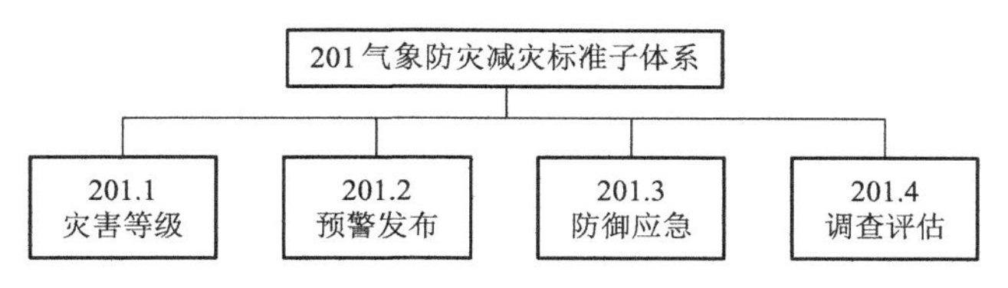

图 4.4　气象防灾减灾标准子体系图

3. 应对气候变化标准子体系。指开展气候变化监测等方面的标准。包括：气候分级、评估论证、空间天气等（图 4.5）。

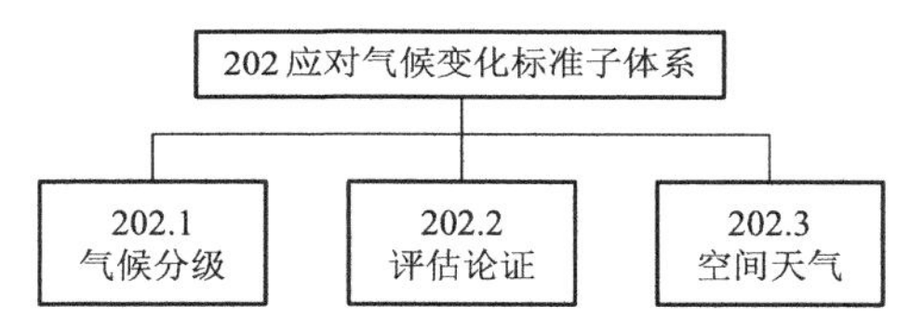

图 4.5　应对气候变化标准子体系图

4. 生态气象标准子体系。指开展生态气象监测、预警和生态气候资源利用等方面的标准。包括：监测、预警、资源利用等（图 4.6）。

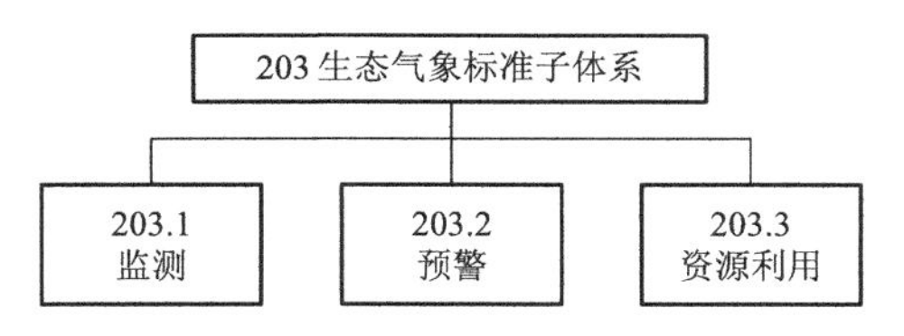

图 4.6　生态气象标准子体系图

5. 公共气象服务标准子体系。指为社会公众提供公共气象服务产品方面的标准。包括：服务产品、产品发布、服务评价等（图 4.7）。

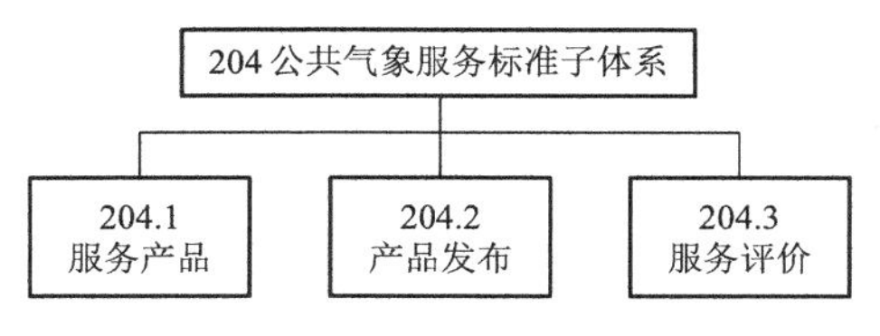

图 4.7　公共气象服务标准子体系图

6. 气象预报预测标准子体系。指开展气象预报预测业务方面的标准。包括:天气现象、监测预报、灾害预警等(图 4.8)。

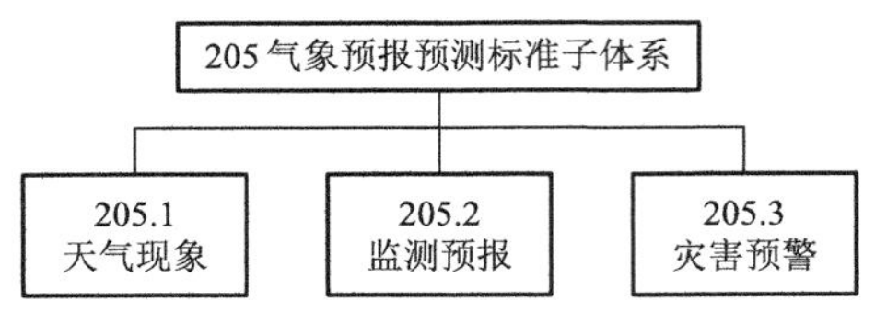

图 4.8　气象预报预测标准子体系图

7. 综合气象观测标准子体系。指开展气象观测业务方面的标准。包括:仪器设备、观测方法、装备技术、站网建设等(图 4.9)。

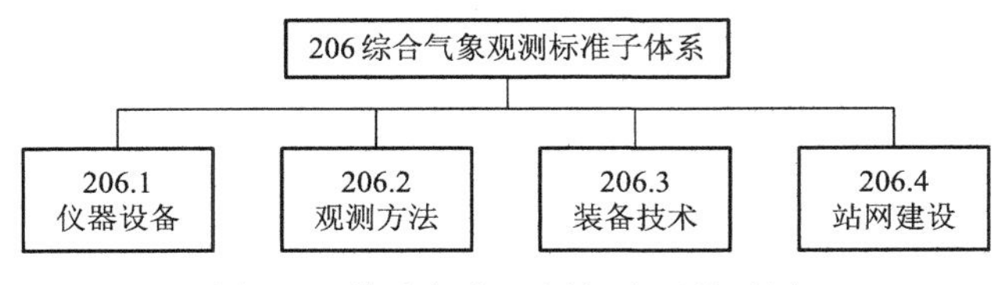

图 4.9　综合气象观测标准子体系图

8. 气象信息标准子体系。指为气象业务提供支持的气象信息管控方面的标准。包括:信息网络、数据传输、数据处理等(图 4.10)。

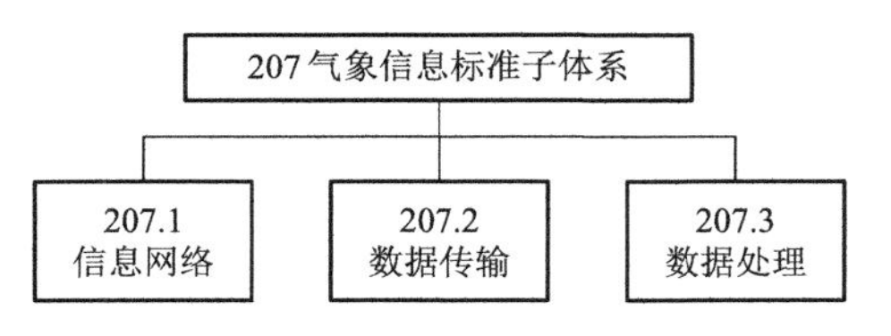

图 4.10　气象信息标准子体系图

9. 人工影响天气标准子体系。指开展人工影响天气作业等方面的标准。包括:安全管理、物资管理、作业人员、技术流程、科学研究等(图 4.11)。

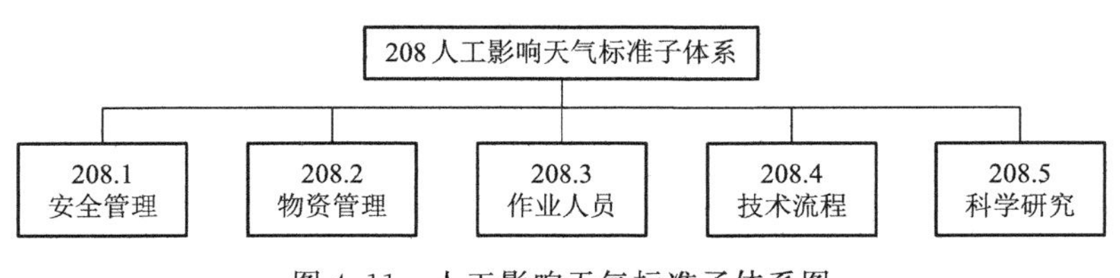

图 4.11　人工影响天气标准子体系图

10. 农业气象标准子体系。指开展农气观测、预报、服务、评价等方面的标准。包括:农气观测、农气预报、农气服务、农气评价、农气灾害等(图 4.12)。

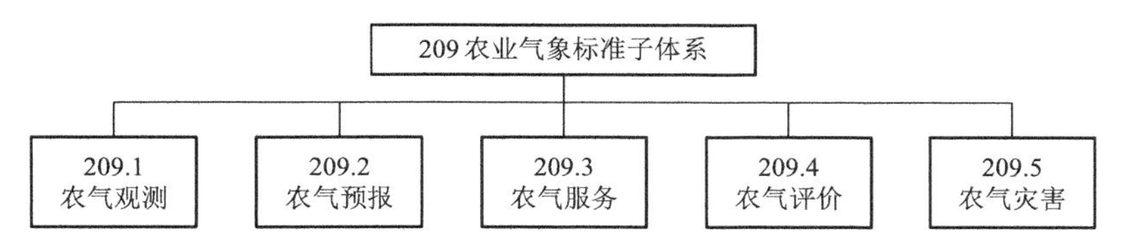

图 4.12　农业气象标准子体系图

11. 卫星气象标准子体系。指山西省气象卫星应用技术方面的标准。包括:地面系统、遥感应用等(图 4.13)。

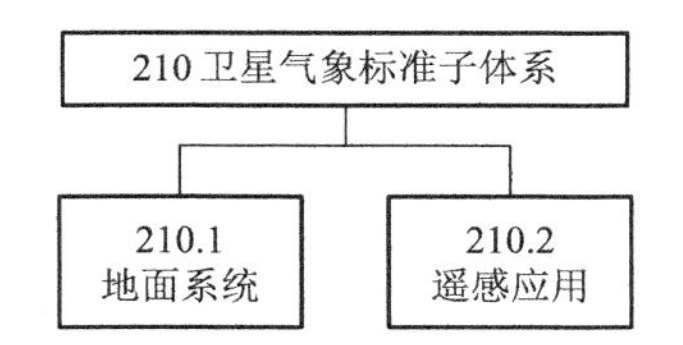

图 4.13　卫星气象标准子体系图

12. 航空气象标准子体系。指山西省航空通航领域气象相关的标准。包括:民航气象、通航气象等(图 4.14)。

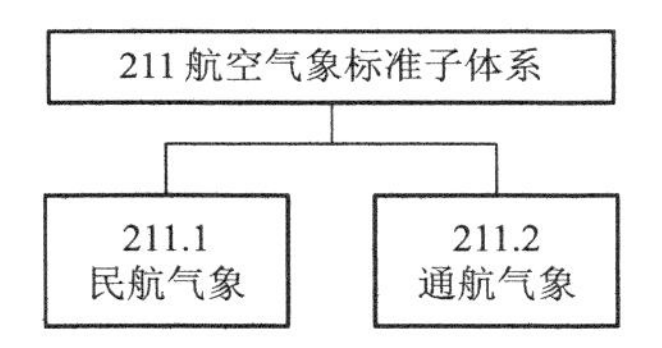

图 4.14　航空气象标准子体系图

13. 大气成分标准子体系。指开展大气成分监测、评估、预报方面的标准。包括:大气监测、评估预报等(图 4.15)。

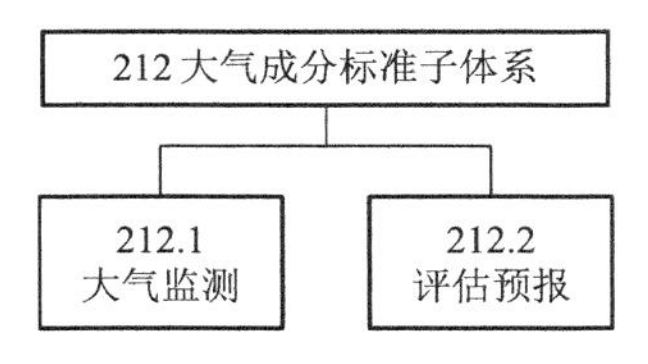

图 4.15　大气成分标准子体系图

14. 雷电防御标准子体系。指山西省开展雷电监测、雷电预警、雷电灾害调查评估、雷电防护装置技术要求、检测、技术监管等方面的标准。包括:雷电监测、雷电预警、雷电防护、防雷检测、服务监管、调查评估等(图 4.16)。

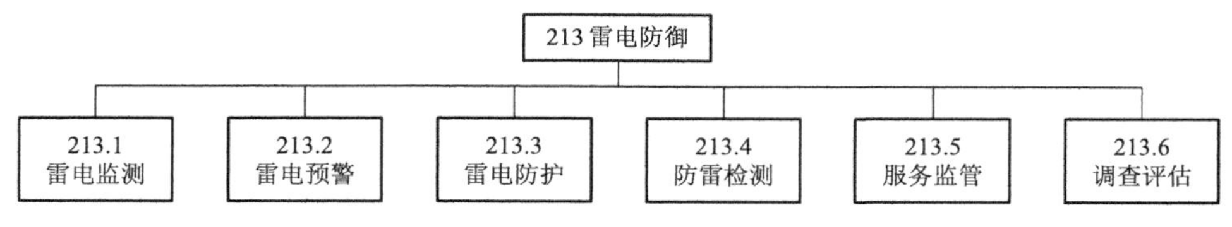

图 4.16　雷电防御标准子体系图

15. 气象综合标准子体系。指气象工程管理等方面的标准。包括：工程管理、培训教育、社会管理等(图 4.17)。

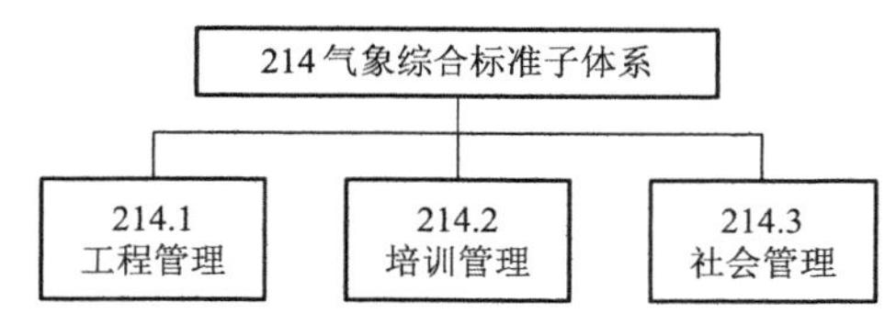

图 4.17　气象综合标准子体系图

4.5　标准构成

截至 2021 年 12 月 1 日，山西省气象标准体系统计见表 4.1。

表 4.1　山西省气象标准体系统计表

标准子体系	国家标准	行业标准	地方标准	合计
通用基础	15	40	3	58
气象防灾减灾	7	8	7	22
应对气候变化	16	33	2	51
生态气象	11	7	0	18
公共气象服务	7	32	3	42
气象预报预测	20	17	0	37
综合气象观测	52	106	3	161
气象信息	3	31	1	35
人工影响天气	5	27	21	53
农业气象	20	53	4	77
卫星气象	1	56	0	57
航空气象	0	6	0	6
大气成分	26	36	1	63
雷电防御	7	63	1	71
气象综合	0	7	0	7
合计	**190**	**522**	**46**	**758**

山西省各标准子体系层级结构见图 4.18。

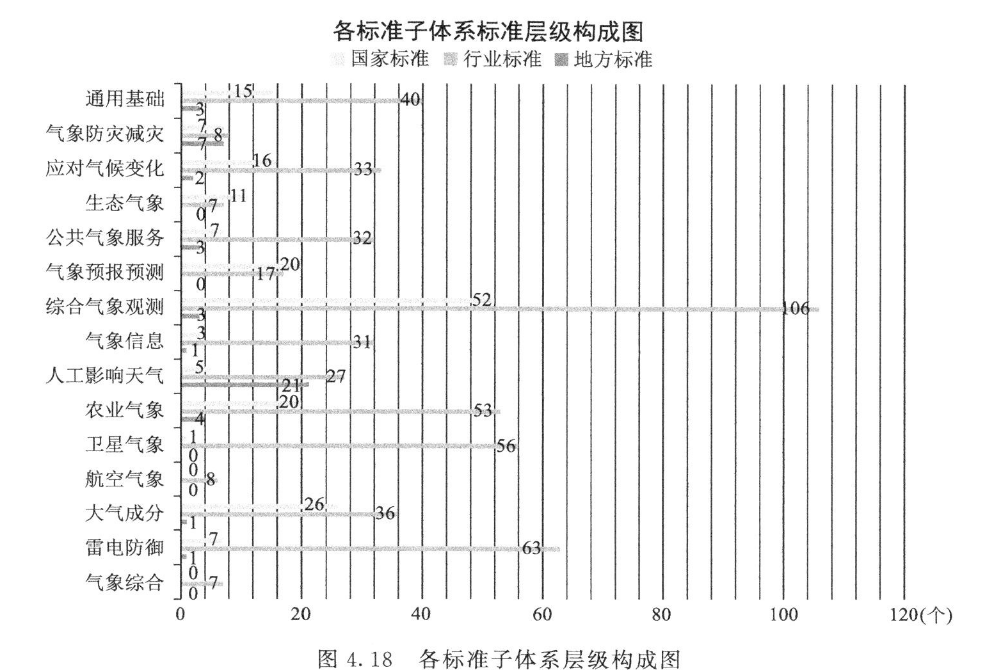

图 4.18　各标准子体系层级构成图

山西省气象标准体系构成见图 4.19。

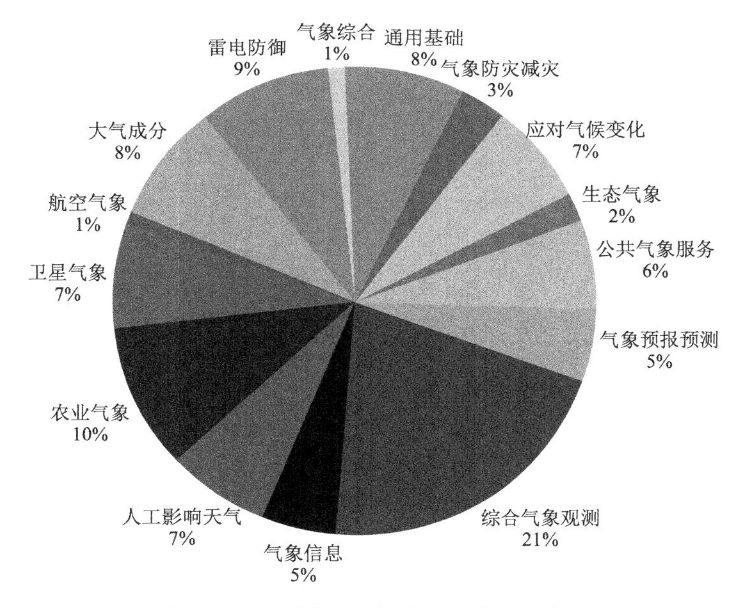

图 4.19　山西省气象标准体系构成比例图

第5章 山西省气象标准体系的组成

截至2021年12月1日，山西省气象标准体系明细表见表5.1。

表5.1 山西气象标准体系明细表

子体系名称	序号	标准体系编号	标准号	标准名称	标准层级	标准类型
100 通用基础	1	100.1 标准化导则	GB/T 1.1—2020	标准化工作导则 第1部分：标准化文件的结构和起草规则	国标	通用基础
	2		GB/T 13016—2018	标准体系构建原则和要求	国标	通用基础
	3	100.2 术语和缩略语标准	GB/T 19202—2017	热带气旋名称	国标	通用基础
	4		GB/T 27961—2011	气象服务分类术语	国标	通用基础
	5		GB/T 31163—2014	太阳能资源术语	国标	通用基础
	6		GB/T 31724—2015	风能资源术语	国标	通用基础
	7		GB/T 32934—2016	全球热带气旋中文名称	国标	通用基础
	8		GB/T 35663—2017	天气预报基本术语	国标	通用基础
	9		GB/T 37467—2019	气象仪器术语	国标	通用基础
	10		QX/T 151—2012	人工影响天气作业术语	行标	通用基础
	11		QX/T 185—2013	人工影响天气藏语术语	行标	通用基础
	12		QX/T 252—2014	电离层术语	行标	通用基础
	13		QX/T 313—2016	气象信息服务基础术语	行标	通用基础
	14		QX/T 377—2017	气象信息传播常用用语	行标	通用基础
	15		QX/T 546—2020	空间高能粒子辐射效应术语	行标	通用基础
	16		DB14/T 1028—2014	山西常用气候术语	地标	通用基础
	17	100.3 符号与标志标准	GB/T 22164—2017	公共气象服务 天气图形符号	国标	通用基础
	18		GB/T 27962—2011	气象灾害预警信号图标	国标	通用基础
	19		GB/T 36109—2018	中国气象产品地理分区	国标	通用基础
	20		QX/T 236—2014	电视气象节目常用天气系统图形符号	行标	通用基础
	21		QX/T 443—2018	气象行业标志	行标	通用基础
	22		DB14/T 702—2012	山西气象地理区划	地标	业务技术
	23		DB14/T 803—2013	电视天气预报标准符号	地标	通用基础

续表

子体系名称	序号	标准体系编号	标准号	标准名称	标准层级	标准类型
100 通用基础	24	100.4 数值与数据标准	QX/T 21—2015	农业气象观测记录年报数据文件格式	行标	通用基础
	25		QX/T 93—2017	气象数据归档格式　地面气象辐射	行标	通用基础
	26		QX/T 115—2010	酸雨气象台站历史沿革数据文件格式	行标	通用基础
	27		QX/T 128—2011	浮标气象观测数据格式	行标	通用基础
	28		QX/T 132—2011	大气成分观测数据格式	行标	通用基础
	29		QX/T 134—2011	沙尘暴观测数据归档格式	行标	通用基础
	30		QX/T 155—2012	飞机气象观测数据归档格式	行标	通用基础
	31		QX/T 156—2012	风自记纸数字化文件格式	行标	通用基础
	32		QX/T 234—2014	气象数据归档格式　探空	行标	通用基础
	33		QX/T 285—2015	电离层闪烁指数数据格式	行标	通用基础
	34		QX/T 286—2015	15 个时段年最大降水量数据文件格式	行标	通用基础
	35		QX/T 292—2015	农业气象观测资料传输文件格式	行标	通用基础
	36		QX/T 343—2016	气象数据归档格式　自动观测土壤水分	行标	通用基础
	37		QX/T 408—2017	基于 CAP 的气象灾害预警信息文件格式　网站	行标	通用基础
	38		QX/T 418—2018	高空气象观测数据格式　BUFR 编码	行标	通用基础
	39		QX/T 427—2018	地面气象观测数据格式　BUFR 编码	行标	通用基础
	40		QX/T 444—2018	近地层通量数据文件格式	行标	通用基础
	41		QX/T 480—2019	公路交通气象监测服务产品格式	行标	通用基础
	42		QX/T 484—2019	地基闪电定位站观测数据格式	行标	通用基础
	43		QX/T 516—2019	气象数据集说明文档格式	行标	通用基础
	44		QX/T 518—2019	气象卫星数据交换规范　XML 格式	行标	通用基础
	45		QX/T 550—2020	地面气象辐射观测数据格式　BUFR	行标	通用基础
	46		QX/T 563—2020	气象卫星地面系统实时数据传输通信包格式	行标	通用基础
	47		QX/T 564—2020	地基导航卫星遥感气象观测系统数据格式	行标	通用基础
	48	100.5 测量标准	GB/T 21986—2008	农业气候影响评价：农作物气候年型划分方法	国标	通用基础
	49		GB/T 32936—2016	爆炸危险场所雷击风险评价方法	国标	通用基础
	50		GB/T 33666—2017	厄尔尼诺/拉尼娜事件判别方法	国标	通用基础
	51		QX/T 129—2011	气象数据传输文件命名	行标	通用基础
	52		QX/T 233—2014	气象数据库存储管理命名	行标	通用基础
	53		QX/T 243—2014	风电场风速预报准确率评判方法	行标	通用基础
	54		QX/T 244—2014	太阳能光伏发电功率短期预报方法	行标	通用基础

续表

子体系名称	序号	标准体系编号	标准号	标准名称	标准层级	标准类型
100 通用基础	55	100.5 测量标准	QX/T 291—2015	自动气象站数据采集器现场校准方法	行标	通用基础
	56		QX/T 295—2015	空间天气短期预报检验方法	行标	通用基础
	57		QX/T 316—2016	气象预报传播质量评价方法及等级划分	行标	通用基础
	58		QX/T 485—2019	气象观测站分类及命名规则	行标	通用基础
201 气象防灾减灾	59	201.1 灾害等级	GB/T 33680—2017	暴雨灾害等级	国标	业务技术
	60		GB/T 34306—2017	干旱灾害等级	国标	业务技术
	61		DB14/T 616—2011	雪灾气象等级划分及监测	地标	业务技术
	62		DB14/T 703—2012	气象灾害等级划分	地标	业务技术
	63		DB14/T 1920—2019	暴雨灾害风险区划	地标	业务技术
	64		DB14/T 1986—2020	短历时强降水气象灾害等级划分	地标	业务技术
	65	201.2 预警发布	GB/T 34283—2017	国家突发事件预警信息发布系统管理平台与终端管理平台接口规范	国标	通用基础
	66		QX/T 326—2016	农村气象灾害预警信息传播指南	行标	业务技术
	67		QX/T 549—2020	气象灾害预警信息网站传播规范	行标	业务技术
	68		DB14/T 1648—2018	预警信息发布工作规范	地标	业务技术
	69		DB14/T 1913—2019	预警信息发布管理规范	地标	业务技术
	70	201.3 防御应急	GB/T 36742—2018	气象灾害防御重点单位气象安全保障规范	国标	业务技术
	71		QX/T 356—2016	气象防灾减灾示范社区建设导则	行标	服务
	72		QX/T 440—2018	县域气象灾害监测预警体系建设指南	行标	业务技术
	73		DB14/T 1647—2018	气象灾害预警规范	地标	业务技术
	74	201.4 调查评估	GB/T 34296—2017	地面降雹特征调查规范	国标	业务技术
	75		GB/T 34301—2017	龙卷灾害调查技术规范	国标	业务技术
	76		GB/T 39195—2020	城市内涝风险普查技术规范	国标	业务技术
	77		QX/T 439—2018	大型活动气象服务指南　气象灾害风险承受与控制能力评估	行标	服务
	78		QX/T 470—2018	暴雨诱发灾害风险普查规范　山洪	行标	业务技术
	79		QX/T 511—2019	气象灾害风险评估技术规范　冰雹	行标	业务技术
	80		QX/T 531—2019	气象灾害调查技术规范　气象灾情信息收集	行标	业务技术

续表

子体系名称	序号	标准体系编号	标准号	标准名称	标准层级	标准类型
202 应对气候变化	81	202.1 气候分级	GB/T 20481—2017	气象干旱等级	国标	业务技术
	82		GB/T 21983—2020	暖冬等级	国标	业务技术
	83		GB/T 33669—2017	极端降水监测指标	国标	业务技术
	84		GB/T 33675—2017	冷冬等级	国标	业务技术
	85		GB/T 34293—2017	极端低温和降温监测指标	国标	业务技术
	86		GB/T 34297—2017	冰冻天气等级	国标	业务技术
	87		GB/T 34307—2017	干湿气候等级	国标	业务技术
	88		GB/T 34412—2017	地面标准气候值统计方法	国标	业务技术
	89		GB/T 38950—2020	凉夏等级	国标	业务技术
	90		QX/T 152—2012	气候季节划分	行标	业务技术
	91		QX/T 280—2015	极端高温监测指标	行标	业务技术
	92		QX/T 302—2015	极端低温监测指标	行标	业务技术
	93		QX/T 304—2015	西北太平洋副热带高压监测指标	行标	业务技术
	94		QX/T 394—2017	东亚副热带夏季风监测指标	行标	业务技术
	95		QX/T 456—2018	初霜冻日期早晚等级	行标	业务技术
	96		QX/T 495—2019	中国雨季监测指标　华北雨季	行标	业务技术
	97		QX/T 507—2019	气候预测检验　厄尔尼诺/拉尼娜	行标	业务技术
	98		QX/T 541—2020	热带大气季节内振荡(MJO)事件判别	行标	业务技术
	99		QX/T 558—2020	气候指数　低温	行标	业务技术
	100		QX/T 574—2020	气候指数　台风	行标	业务技术
	101		QX/T 575—2020	气候指数　雨涝	行标	业务技术
	102	202.2 评估论证	GB/T 33670—2017	气候年景评估方法	国标	业务技术
	103		GB/T 38957—2020	海上风电场热带气旋影响评估技术规范	国标	业务技术
	104		QX/T 242—2014	城市总体规划气候可行性论证技术规范	行标	业务技术
	105		QX/T 426—2018	气候可行性论证规范　资料收集	行标	业务技术
	106		QX/T 436—2018	气候可行性论证规范　抗风参数计算	行标	业务技术
	107		QX/T 437—2018	气候可行性论证规范　城市通风廊道	行标	业务技术
	108		QX/T 449—2018	气候可行性论证规范　现场观测	行标	业务技术
	109		QX/T 469—2018	气候可行性论证规范　总则	行标	业务技术
	110		QX/T 497—2019	气候可行性论证规范　数值模拟与再分析资料应用	行标	业务技术

续表

子体系名称	序号	标准体系编号	标准号	标准名称	标准层级	标准类型
202 应对气候变化	111	202.2 评估论证	QX/T 506—2019	气候可行性论证规范　机构信用评价	行标	业务技术
	112		QX/T 528—2019	气候可行性论证规范　架空输电线路抗冰设计气象参数计算	行标	业务技术
	113		QX/T 529—2019	气候可行性论证规范　极值概率统计分析	行标	业务技术
	114		QX/T 530—2019	气候可行性论证规范　文件归档	行标	业务技术
	115		QX/T 570—2020	气候资源评价　气候宜居城镇	行标	业务技术
	116		QX/T 571—2020	气候可行性论证报告质量评价	行标	业务技术
	117		QX/T 573—2020	气候公报编写规范	行标	业务技术
	118		QX/T 593—2020	气候资源评价　通用指标	行标	业务技术
	119		DB14/T 704—2012	年降水资源评估	地标	业务技术
	120		DB14/T 1990—2020	重大建设项目气候可行性论证技术规范	地标	业务技术
	121	202.3 空间天气	GB/T 31154—2014	太阳 Hα 耀斑分级	国标	业务技术
	122		GB/T 31157—2015	太阳软 X 射线耀斑强度分级	国标	业务技术
	123		GB/T 31158—2016	电离层电子总含量(TEC)扰动分级	国标	业务技术
	124		GB/T 31160—2017	地磁暴强度等级	国标	业务技术
	125		GB/T 31161—2018	太阳质子事件强度分级	国标	业务技术
	126		QX/T 130—2011	电离层突然骚扰分级	行标	业务技术
	127		QX/T 239—2014	地磁活动水平分级	行标	业务技术
	128		QX/T 366—2016	太阳质子事件现报规范	行标	业务技术
	129		QX/T 367—2016	地球静止轨道处能量 2 MeV 以上的电子日积分强度分级	行标	业务技术
	130		QX/T 552—2020	空间天气预警等级	行标	业务技术
	131		QX/T 562—2020	周地磁活动整体水平分级	行标	业务技术
203 生态气象	132	203.1 监测	GB/T 20483—2006	土地荒漠化监测方法	国标	业务技术
	133		GB/T 34814—2017	草地气象监测评价方法	国标	业务技术
	134		GB/T 36743—2018	森林火险气象等级	国标	业务技术
	135		QX/T 142—2011	北方草原干旱指标	行标	业务技术
	136		QX/T 200—2013	生态气象术语	行标	业务技术
	137		QX/T 212—2013	北方草地监测要素与方法	行标	通用基础
	138	203.2 预警	GB/T 28593—2012	沙尘暴天气预警	国标	业务技术
	139		GB/T 31164—2014	森林火险气象预警	国标	业务技术

续表

子体系名称	序号	标准体系编号	标准号	标准名称	标准层级	标准类型
203 生态气象	140	203.3 资源利用	GB/T 31153—2014	小型水力发电站汇水区降水资源气候评价方法	国标	业务技术
	141		GB/T 31156—2014	太阳能资源测量　总辐射	国标	业务技术
	142		GB/T 33677—2017	太阳能资源等级　直接辐射	国标	业务技术
	143		GB/T 33698—2017	太阳能资源测量　直接辐射	国标	业务技术
	144		GB/T 34325—2017	太阳能资源数据准确性评判方法	国标	业务技术
	145		GB/T 37525—2019	太阳直接辐射计算导则	国标	业务技术
	146		QX/T 89—2018	太阳能资源评估方法	行标	业务技术
	147		QX/T 308—2015	分散式风力发电风能资源评估技术导则	行标	业务技术
	148		QX/T 548—2020	太阳电池发电效率温度影响等级	行标	业务技术
	149		QX/T 559—2020	风能资源观测系统　测风塔观测技术要求	行标	业务技术
204 公共气象服务	150	204.1 服务产品	GB/T 20487—2018	城市火险气象等级	国标	业务技术
	151		GB/T 21005—2007	紫外红斑效应参照谱、标准红斑剂量和紫外指数	国标	服务
	152		GB/T 27967—2011	公路交通气象预报格式	国标	服务
	153		GB/T 34295—2017	非职业性一氧化碳中毒气象条件等级	国标	服务
	154		GB/T 36744—2018	紫外线指数预报方法	国标	业务技术
	155		QX/T 42—2006	气传花粉暴片法观测规范	行标	服务
	156		QX/T 87—2008	紫外线指数预报	行标	服务
	157		QX/T 97—2008	用电需求气象条件等级	行标	服务
	158		QX/T 111—2010	高速公路交通气象条件等级	行标	服务
	159		QX/T 154—2012	露天建筑施工现场不利气象条件与安全防范	行标	服务
	160		QX/T 178—2013	城市雪灾气象等级	行标	业务技术
	161		QX/T 255—2020	供暖气象等级	行标	服务
	162		QX/T 324—2016	花粉过敏气象指数	行标	服务
	163		QX/T 325—2016	电网运行气象预报预警服务产品	行标	服务
	164		QX/T 334—2016	高速铁路运行高影响天气条件等级	行标	服务
	165		QX/T 354—2016	烟花爆竹燃放气象条件等级	行标	服务
	166		QX/T 355—2016	电线积冰气象风险等级	行标	服务
	167		QX/T 385—2017	穿衣气象指数	行标	服务
	168		QX/T 386—2017	滑雪气象指数	行标	服务
	169		QX/T 414—2018	公路交通高影响天气预警等级	行标	服务
	170		QX/T 415—2018	公路交通行车气象指数	行标	服务

续表

子体系名称	序号	标准体系编号	标准号	标准名称	标准层级	标准类型
204 公共气象服务	171	204.2 产品发布	QX/T 145—2011	气象节目播音员主持人气象专业资格认证	行标	管理
	172		QX/T 146—2019	中国天气频道本地化节目播出实施规范	行标	管理
	173		QX/T 171—2012	短消息 LED 屏气象信息显示规范	行标	服务
	174		QX/T 180—2013	气象服务图形产品色域	行标	通用基础
	175		QX/T 192—2013	气象服务电视产品图形	行标	通用基础
	176		QX/T 254—2014	气象影视资料编目规范	行标	管理
	177		QX/T 274—2015	大型活动气象服务指南　工作流程	行标	管理
	178		QX/T 278—2015	中国气象频道安全播出规范	行标	管理
	179		QX/T 279—2015	电视气象新闻素材交换文件规范	行标	管理
	180		QX/T 315—2016	气象预报传播规范	行标	业务技术
	181		QX/T 337—2016	高清晰度电视气象节目演播室录制技术规范	行标	管理
	182		QX/T 378—2017	公共气象服务产品文件命名规范	行标	通用基础
	183		QX/T 578—2020	气象科普教育基地创建规范	行标	管理
	184		DB14/T 804—2013	山西省决策气象服务产品规范	地标	通用基础
	185		DB14/T 1029—2014	山西省决策气象服务工作流程	地标	管理
	186	204.3 服务评价	GB/T 27963—2011	人居环境气候舒适度评价	国标	服务
	187		GB/T 35563—2017	气象服务公众满意度	国标	服务
	188		QX/T 181—2013	行业气象服务效益专家评估法	行标	管理
	189		QX/T 268—2015	电视气象信息服务节目综合评价方法	行标	服务
	190		QX/T 500—2019	避暑旅游气候适宜度评价方法	行标	服务
	191		DB14/1992—2020	天然氧吧评定规范	地标	服务
205 气象预报预测	192	205.1 天气现象	GB/T 19201—2006	热带气旋等级	国标	业务技术
	193		GB/T 20480—2017	沙尘天气等级(原名:沙尘暴天气等级)	国标	业务技术
	194		GB/T 20484—2017	冷空气等级	国标	业务技术
	195		GB/T 20486—2017	江河流域面雨量等级	国标	业务技术
	196		GB/T 21984—2017	短期天气预报	国标	业务技术
	197		GB/T 21987—2017	寒潮等级	国标	业务技术
	198		GB/T 27957—2011	冰雹等级	国标	业务技术
	199		GB/T 27964—2011	雾的预报等级	国标	业务技术
	200		GB/T 28591—2012	风力等级	国标	业务技术
	201		GB/T 28592—2012	降水量等级	国标	业务技术

续表

子体系名称	序号	标准体系编号	标准号	标准名称	标准层级	标准类型
205 气象预报预测	202	205.1 天气现象	GB/T 29457—2012	高温热浪等级	国标	业务技术
	203		GB/T 32935—2016	全球热带气旋等级	国标	业务技术
	204		GB/T 33673—2017	水平能见度等级	国标	业务技术
	205		GB/T 34298—2017	暴风雪天气等级	国标	业务技术
	206		QX/T 227—2014	雾的预警等级	行标	业务技术
	207		QX/T 228—2014	区域性高温天气过程等级划分	行标	业务技术
	208		QX/T 341—2016	降雨过程强度等级	行标	业务技术
	209		QX/T 416—2018	强对流天气等级	行标	业务技术
	210		QX/T 442—2018	持续性暴雨事件	行标	业务技术
	211		QX/T 478—2019	龙卷强度等级	行标	业务技术
	212		QX/T 489—2019	降雨过程等级	行标	业务技术
	213	205.2 监测预报	GB/T 27956—2011	中期天气预报	国标	业务技术
	214		GB/T 28594—2012	临近天气预报	国标	业务技术
	215		GB/T 34303—2017	数值天气预报产品检验规范	国标	业务技术
	216		GB/T 35968—2018	降水量图形产品规范	国标	业务技术
	217		GB/T 37302—2019	天气预报检验　风预报	国标	业务技术
	218		QX/T 204—2013	临近天气预报检验	行标	业务技术
	219		QX/T 229—2014	风预报检验方法	行标	业务技术
	220		QX/T 323—2016	气象低速风洞技术条件	行标	业务技术
	221		QX/T 371—2017	阻塞高压监测指标	行标	业务技术
	222		QX/T 393—2017	冷空气过程监测指标	行标	业务技术
	223	205.3 灾害预警	GB/T 27966—2011	灾害性天气预报警报指南	国标	业务技术
	224		QX/T 342—2016	气象灾害预警信息编码规范	行标	业务技术
	225		QX/T 451—2018	暴雨诱发的中小河流洪水气象风险预警等级	行标	业务技术
	226		QX/T 481—2019	暴雨诱发中小河流洪水、山洪和地质灾害气象风险预警服务图形	行标	业务技术
	227		QX/T 487—2019	暴雨诱发的地质灾害气象风险预警等级	行标	业务技术
	228		QX/T 542—2020	中小河流洪水和山洪致灾阈值雨量等级	行标	业务技术
206 综合气象观测	229	206.1 仪器设备	GB/T 19565—2017	总辐射表	国标	业务技术
	230		GB/T 20524—2018	农林小气候观测仪	国标	业务技术
	231		GB/T 33692—2017	直接辐射测量用全自动太阳跟踪器	国标	业务技术

续表

子体系名称	序号	标准体系编号	标准号	标准名称	标准层级	标准类型
206 综合气象观测	232	206.1 仪器设备	GB/T 33701—2017	长波辐射表	国标	业务技术
	233		GB/T 33702—2017	光电式日照传感器	国标	业务技术
	234		GB/T 33704—2017	标准总辐射表	国标	业务技术
	235		GB/T 33706—2017	标准直接辐射表	国标	业务技术
	236		GB/T 33707—2017	气象太阳模拟器	国标	业务技术
	237		GB/T 33903—2017	散射辐射测量用遮光球式全自动太阳跟踪器	国标	业务技术
	238		GB/T 34048—2017	紫外辐射表	国标	业务技术
	239		GB/T 35139—2017	光合有效辐射表	国标	业务技术
	240		QX/T 1—2000	Ⅱ型自动气象站	行标	业务技术
	241		QX/T 6—2001	气象仪器型号与命名方法	行标	业务技术
	242		QX/T 09—2006	玻璃钢百叶箱	行标	业务技术
	243		QX/T 19—2003	净全辐射表	行标	业务技术
	244		QX/T 20—2016	直接辐射表	行标	业务技术
	245		QX/T 23—2004	旋转式测风传感器	行标	业务技术
	246		QX/T 25—2004	铂电阻电动通风干湿表传感器	行标	业务技术
	247		QX/T 26—2004	空盒气压计	行标	业务技术
	248		QX/T 27—2004	毛发湿度计	行标	业务技术
	249		QX/T 28—2004	双金属温度计	行标	业务技术
	250		QX/T 29—2004	动槽水银气压表	行标	业务技术
	251		QX/T 35—2005	气象用湿球纱布	行标	业务技术
	252		QX/T 36—2005	GTS1 型数字探空仪	行标	业务技术
	253		QX/T 44—2006	1600 克气象气球	行标	业务技术
	254		QX/T 288—2015	翻斗式自动雨量站	行标	业务技术
	255		QX/T 320—2016	称重式降水测量仪	行标	业务技术
	256		QX/T 346—2016	自动气象站信号模拟器	行标	业务技术
	257		QX/T 347—2016	气象观测装备编码规则	行标	业务技术
	258		QX/T 348—2016	X 波段数字化天气雷达	行标	业务技术
	259		QX/T 420—2018	气象用固定式水电解制氢系统	行标	业务技术
	260		QX/T 455—2018	便携式自动气象站	行标	业务技术
	261		QX/T 461—2018	C 波段多普勒天气雷达	行标	业务技术
	262		QX/T 462—2018	C 波段双线偏振多普勒天气雷达	行标	业务技术

续表

子体系名称	序号	标准体系编号	标准号	标准名称	标准层级	标准类型
206 综合气象观测	263	206.1 仪器设备	QX/T 463—2018	S波段多普勒天气雷达	行标	业务技术
	264		QX/T 464—2018	S波段双线偏振多普勒天气雷达	行标	业务技术
	265		QX/T 504—2019	地基多通道微波辐射计	行标	业务技术
	266		QX/T 520—2019	自动气象站	行标	业务技术
	267		QX/T 521—2019	船载自动气象站	行标	业务技术
	268		QX/T 523—2019	激光云高仪	行标	业务技术
	269		QX/T 524—2019	X波段多普勒天气雷达	行标	业务技术
	270		QX/T 525—2019	有源L波段风廓线雷达(固定和移动)	行标	业务技术
	271		QX/T 555—2020	便携式叶面积观测仪	行标	业务技术
	272		QX/T 565—2020	激光滴谱式降水现象仪	行标	业务技术
	273		QX/T 566—2020	场磨式大气电场仪	行标	业务技术
	274		QX/T 567—2020	自动土壤水分观测仪	行标	业务技术
	275		QX/T 568—2020	自动气候站	行标	业务技术
	276		QX/T 581—2020	轻便三杯风向风速表	行标	业务技术
	277		QX/T 588—2020	天气雷达钢塔技术要求	行标	业务技术
	278		QX/T 589—2020	自动雪深观测仪	行标	业务技术
	279	206.2 观测方法	GB/T 20479—2006	沙尘暴天气监测规范	国标	业务技术
	280		GB/T 33694—2017	自动气候站观测规范	国标	业务技术
	281		GB/T 33695—2017	地面气象要素编码与数据格式	国标	业务技术
	282		GB/T 33696—2017	陆-气和海-气通量观测规范	国标	业务技术
	283		GB/T 33697—2017	公路交通气象监测设施技术要求	国标	业务技术
	284		GB/T 33699—2017	太阳能资源测量　散射辐射	国标	业务技术
	285		GB/T 33700—2017	地基导航卫星遥感水汽观测规范	国标	业务技术
	286		GB/T 33703—2017	自动气象站观测规范	国标	业务技术
	287		GB/T 33705—2017	土壤水分观测　频域反射法	国标	业务技术
	288		GB/T 33866—2017	太阳紫外辐射测量　宽带紫外辐射表法	国标	业务技术
	289		GB/T 33867—2017	光合有效辐射测量　半球向辐射表法	国标	业务技术
	290		GB/T 33869—2018	绝对直接辐射表比对方法	国标	业务技术
	291		GB/T 35221—2017	地面气象观测规范　总则	国标	业务技术
	292		GB/T 35222—2017	地面气象观测规范　云	国标	业务技术
	293		GB/T 35223—2017	地面气象观测规范　气象能见度	国标	业务技术

续表

子体系名称	序号	标准体系编号	标准号	标准名称	标准层级	标准类型
206 综合气象观测	294	206.2 观测方法	GB/T 35224—2017	地面气象观测规范　天气现象	国标	业务技术
	295		GB/T 35225—2017	地面气象观测规范　气压	国标	业务技术
	296		GB/T 35226—2017	地面气象观测规范　空气温度和湿度	国标	业务技术
	297		GB/T 35227—2017	地面气象观测规范　风向和风速	国标	业务技术
	298		GB/T 35228—2017	地面气象观测规范　降水量	国标	业务技术
	299		GB/T 35229—2017	地面气象观测规范　雪深与雪压	国标	业务技术
	300		GB/T 35230—2017	地面气象观测规范　蒸发	国标	业务技术
	301		GB/T 35231—2017	地面气象观测规范　辐射	国标	业务技术
	302		GB/T 35232—2017	地面气象观测规范　日照	国标	业务技术
	303		GB/T 35233—2017	地面气象观测规范　地温	国标	业务技术
	304		GB/T 35234—2017	地面气象观测规范　冻土	国标	业务技术
	305		GB/T 35235—2017	地面气象观测规范　电线积冰	国标	业务技术
	306		GB/T 35236—2017	地面气象观测规范　地面状态	国标	业务技术
	307		GB/T 35237—2017	地面气象观测规范　自动观测	国标	业务技术
	308		GB/T 36542—2018	霾的观测识别	国标	业务技术
	309		QX/T 15—2017	系留气球安全操作技术规范	行标	管理
	310		QX/T 45—2007	地面气象观测规范　第 1 部分：总则	行标	业务技术
	311		QX/T 46—2007	地面气象观测规范　第 2 部分：云的观测	行标	业务技术
	312		QX/T 47—2007	地面气象观测规范　第 3 部分：气象能见度观测	行标	业务技术
	313		QX/T 48—2007	地面气象观测规范　第 4 部分：天气现象观测	行标	业务技术
	314		QX/T 49—2007	地面气象观测规范　第 5 部分：气压观测	行标	业务技术
	315		QX/T 50—2007	地面气象观测规范　第 6 部分：空气温度和湿度观测	行标	业务技术
	316		QX/T 51—2007	地面气象观测规范　第 7 部分：风向和风速的观测	行标	业务技术
	317		QX/T 52—2007	地面气象观测规范　第 8 部分：降水观测	行标	业务技术
	318		QX/T 53—2007	地面气象观测规范　第 9 部分：雪深和雪压观测	行标	业务技术
	319		QX/T 54—2007	地面气象观测规范　第 10 部分：蒸发观测	行标	业务技术
	320		QX/T 55—2007	地面气象观测规范　第 11 部分：辐射观测	行标	业务技术
	321		QX/T 56—2007	地面气象观测规范　第 12 部分：日照观测	行标	业务技术
	322		QX/T 57—2007	地面气象观测规范　第 13 部分：地温观测	行标	业务技术
	323		QX/T 58—2007	地面气象观测规范　第 14 部分：冻土观测	行标	业务技术
	324		QX/T 59—2007	地面气象观测规范　第 15 部分：电线积冰观测	行标	业务技术

续表

子体系名称	序号	标准体系编号	标准号	标准名称	标准层级	标准类型
206 综合气象观测	325	206.2 观测方法	QX/T 60—2007	地面气象观测规范　第 16 部分:地面状态观测	行标	业务技术
	326		QX/T 61—2007	地面气象观测规范　第 17 部分:自动气象站观测	行标	业务技术
	327		QX/T 62—2007	地面气象观测规范　第 18 部分:月地面气象记录处理和报表编制	行标	业务技术
	328		QX/T 63—2007	地面气象观测规范　第 19 部分:月气象辐射记录处理和报表编制	行标	业务技术
	329		QX/T 64—2007	地面气象观测规范　第 20 部分:年地面气象资料处理和报表编制	行标	业务技术
	330		QX/T 65—2007	地面气象观测规范　第 21 部分:缺测记录的处理和不完整记录的统计	行标	业务技术
	331		QX/T 66—2007	地面气象观测规范　第 22 部分:观测记录质量控制	行标	业务技术
	332		QX/T 73—2007	风电场风测量仪器检测规范	行标	业务技术
	333		QX/T 74—2007	风电场气象观测及资料审核、订正技术规范	行标	业务技术
	334		QX/T 153—2012	树木年轮灰度资料采集规范	行标	业务技术
	335		QX/T 270—2015	CE318 太阳光度计观测规程	行标	业务技术
	336		QX/T 294—2015	太阳射电流量观测规范	行标	业务技术
	337		QX/T 357—2016	气象业务氢气作业安全技术规范	行标	业务技术
	338		QX/T 369—2016	核电厂气象观测规范	行标	业务技术
	339		QX/T 434—2018	雪深自动观测规范	行标	业务技术
	340		QX/T 491—2019	地基电离层闪烁观测规范	行标	业务技术
	341		QX/T 515—2019	气象要素特征值	行标	业务技术
	342		QX/T 550—2020	地面气象辐射观测数据格式　BUFR	行标	业务技术
	343		QX/T 582—2020	气象观测专用技术装备测试规范　地面气象观测仪器	行标	业务技术
	344		QX/T 586—2020	船舶气象观测数据格式　BUFR	行标	业务技术
	345		QX/T 587—2020	气象观测专用技术装备测试规范　高空气象观测仪器	行标	业务技术
	346		QX/T 590—2020	气象计量标准装置期间核查导则	行标	业务技术
	347		QX/T 594—2020	地面大气电场观测规范	行标	业务技术

续表

子体系名称	序号	标准体系编号	标准号	标准名称	标准层级	标准类型
206 综合气象观测	348	206.3 装备技术	GB/T 33691—2017	杯式测风仪测试方法	国标	业务技术
	349		GB/T 33693—2017	超声波测风仪测试方法	国标	通用基础
	350		GB/T 33865—2017	光合有效辐射表校准方法	国标	业务技术
	351		GB/T 33868—2017	紫外辐射表校准方法	国标	业务技术
	352		QX/T 15—2002	YE1-1 型气压检定箱	行标	业务技术
	353		QX/T 16—2002	DJM10 型湿度检定箱	行标	业务技术
	354		QX/T 84—2007	气象低速风洞性能测试规范	行标	业务技术
	355		QX/T 92—2008	湿度检定箱性能测试规范	行标	业务技术
	356		QX/T 126—2011	空盒气压表(计)示值检定箱测试方法	行标	业务技术
	357		QX/T 163—2012	空盒气压表(计)温度系数箱测试方法	行标	业务技术
	358		QX/T 219—2013	空气流速计量实验室技术要求	行标	业务技术
	359		QX/T 220—2013	大气压力计量实验室技术要求	行标	业务技术
	360		QX/T 221—2013	气象计量实验室建设技术要求　二等标准实验室	行标	业务技术
	361		QX/T 248—2014	固定式水电解制氢设备监测系统技术要求	行标	业务技术
	362		QX/T 257—2015	毛发湿度表(计)校准方法	行标	通用基础
	363		QX/T 290—2015	太阳辐射计量实验室技术要求	行标	业务技术
	364		QX/T 321—2016	湿度计量实验室技术要求	行标	业务技术
	365		QX/T 322—2016	温度计量实验室技术要求	行标	业务技术
	366		QX/T 466—2018	微型固定翼无人机机载气象探测系统技术要求	行标	业务技术
	367		QX/T 467—2018	微型下投式气象探空仪技术要求	行标	业务技术
	368		QX/T 490—2019	电离层测高仪技术要求	行标	业务技术
	369		QX/T 502—2019	电离层闪烁仪技术要求	行标	业务技术
	370		QX/T 526—2019	气象观测专用技术装备测试规范　通用要求	行标	业务技术
	371		QX/T 532—2019	Brewer 光谱仪标校规范	行标	业务技术
	372		QX/T 533—2019	太阳光度计标校技术规范	行标	业务技术
	373		QX/T 536—2020	前向散射式能见度仪测试方法	行标	通用基础
	374		QX/T 559—2020	风能资源观测系统　测风塔观测技术要求	行标	业务技术
	375		DB14/T 1644—2018	地基 GNSS/MET 观测技术要求	地标	业务技术
	376	206.4 站网建设	GB 31221—2014	气象探测环境保护规范　地面气象观测站	国标	管理
	377		GB 31222—2014	气象探测环境保护规范　高空气象观测站	国标	管理
	378		GB 31223—2014	气象探测环境保护规范　天气雷达站	国标	管理

续表

子体系名称	序号	标准体系编号	标准号	标准名称	标准层级	标准类型
206 综合气象观测	379	206.4 站网建设	GB 31224—2014	气象探测环境保护规范　大气本底站	国标	管理
	380		GB/T 33872—2017	太阳能资源观测站分类指南	国标	业务技术
	381		GB/T 35219—2017	地面气象观测站气象探测环境调查评估方法	国标	业务技术
	382		GB/T 35220—2017	地面基准辐射站建设指南	国标	业务技术
	383		QX 4—2015	气象(站)防雷技术规范	行标	业务技术
	384		QX 30—2004	自动气象站场室防雷技术规范	行标	业务技术
	385		QX/T 83—2019	移动气象台建设规范	行标	业务技术
	386		QX/T 100—2009	新一代天气雷达选址规定	行标	业务技术
	387		QX/T 289—2015	国家基准气候站选址技术要求	行标	业务技术
	388		DB14/T 1434—2017	X 波段多普勒天气雷达网的布设要求	地标	业务技术
	389		DB14/T 1985—2020	常规气象观测站建设规范	地标	业务技术
207 气象信息	390	207.1 信息网络	GB/T 33674—2017	气象数据集核心元数据	国标	业务技术
	391		QX 3—2000	气象信息系统雷击电磁脉冲防护规范	行标	业务技术
	392		QX/T 148—2020	气象领域高性能计算机系统测试与评估规范	行标	业务技术
	393		QX/T 314—2020	气象信息服务单位备案规范	行标	业务技术
	394	207.2 数据传输	GB/T 31165—2014	降水自记纸记录数字化	国标	业务技术
	395		GB/T 37301—2019	地面气象资料服务产品技术规范	国标	业务技术
	396		QX/T 37—2020	气象台站历史沿革数据文件格式	行标	业务技术
	397		QX/T 120—2010	高空风探测报告编码规范	行标	业务技术
	398		QX/T 121—2010	高空压、温、湿、风探测报告编码规范	行标	业务技术
	399		QX/T 133—2011	气象要素分类与编码	行标	业务技术
	400		QX/T 157—2020	气象电视会商系统技术规范	行标	业务技术
	401		QX/T 202—2013	表格驱动码气象数据传输文件规范	行标	业务技术
	402		QX/T 235—2014	商用飞机气象观测资料 BUFR 编码	行标	业务技术
	403		QX/T 417—2018	北斗卫星导航系统气象信息传输规范	行标	业务技术
	404		QX/T 534—2020	气象数据元　总则	行标	业务技术
	405	207.3 数据处理	QX/T 22—2004	地面气候资料 30 年整编常规项目及其统计方法	行标	通用基础
	406		QX/T 78—2007	风廓线雷达信号处理规范	行标	业务技术
	407		QX/T 117—2020	气象观测资料质量控制　地面气象辐射	行标	业务技术
	408		QX/T 118—2020	气象观测资料质量控制　地面	行标	业务技术
	409		QX/T 123—2011	无线电探空资料质量控制	行标	业务技术

续表

子体系名称	序号	标准体系编号	标准号	标准名称	标准层级	标准类型
207 气象信息	410	207.3 数据处理	QX/T 184—2013	纸质气象记录档案整理规范	行标	业务技术
	411		QX/T 201—2013	气象资料拯救指南	行标	业务技术
	412		QX/T 223—2013	气象档案分类与编码	行标	业务技术
	413		QX/T 293—2015	农业气象观测资料质量控制　作物	行标	业务技术
	414		QX/T 452—2018	基本气象资料和产品提供规范	行标	业务技术
	415		QX/T 453—2018	基本气象资料和产品使用规范	行标	业务技术
	416		QX/T 457—2018	气候可行性论证规范　气象观测资料加工处理	行标	业务技术
	417		QX/T 458—2018	气象探测资料汇交规范	行标	业务技术
	418		QX/T 501—2019	高空气候资料统计方法	行标	通用基础
	419		QX/T 514—2019	气象档案元数据	行标	业务技术
	420		QX/T 535—2020	气候资料统计方法　地面气象辐射	行标	通用基础
	421		QX/T 543—2020	气象台站元数据	行标	业务技术
	422		QX/T 544—2020	气象数据发现元数据	行标	业务技术
	423		QX/T 551—2020	气象观测资料质量控制　土壤水分	行标	业务技术
	424		DB14/T 1991—2020	气象观测数据质量控制管理要求	地标	管理
208 人工影响天气	425	208.1 安全管理	GB/T 34292—2017	人工防雹作业预警响应	国标	管理
	426		GB/T 37274—2018	人工影响天气火箭作业点安全射界图绘制规范	国标	业务技术
	427		QX/T 256—2015	37 mm 高炮人工影响天气作业点安全射界图绘制规范	行标	业务技术
	428		QX/T 297—2015	地面人工影响天气作业安全管理要求	行标	管理
	429		QX/T 329—2016	人工影响天气地面作业站建设规范	行标	管理
	430		QX/T 340—2016	人工影响天气地面作业单位安全检查规范	行标	管理
	431		QX/T 547—2020	人工影响天气安全　地面作业空域申请和使用规范	行标	管理
	432		QX/T 579—2020	人工影响天气安全　炮弹、火箭弹残骸坠落现场技术调查	行标	业务技术
	433		DB14/T 1911—2019	地面人工影响天气作业组织建设指南	地标	管理
	434		DB14/T 1916—2019	地面人工影响天气作业空域使用规范	地标	管理
	435	208.2 物资管理	GB/T 33679—2017	人工影响天气用燃烧剂和致冷剂的存储技术条件	国标	业务技术
	436		QX/T 18—2020	人工影响天气作业用 37 mm 高炮检测规范	行标	业务技术
	437		QX/T 328—2016	人工影响天气作业用弹药保险柜	行标	管理

续表

子体系名称	序号	标准体系编号	标准号	标准名称	标准层级	标准类型
208 人工影响天气	438	208.2 物资管理	QX/T 358—2016	增雨防雹高炮系统技术要求	行标	业务技术
	439		QX/T 359—2016	增雨防雹火箭系统技术要求	行标	业务技术
	440		QX/T 360—2016	碘化银类人工影响天气催化剂静态检测规范	行标	业务技术
	441		QX/T 390—2017	人工影响天气作业用37 mm高炮维修技术规范	行标	业务技术
	442		QX/T 445—2018	人工影响天气用火箭弹验收通用规范	行标	管理
	443		QX/T 471—2019	人工影响天气作业装备与弹药标识编码技术规范	行标	通用基础
	444		QX/T 472—2019	人工影响天气炮弹运输存储要求	行标	管理
	445		QX/T 473—2019	螺旋桨式飞机机载焰剂型人工增雨催化作业装备技术要求	行标	业务技术
	446		QX/T 493—2019	人工影响天气火箭弹运输存储要求	行标	管理
	447		QX/T 505—2019	人工影响天气作业飞机通用技术要求	行标	业务技术
	448		QX/T 569—2020	人工增雨(雪)地面催化剂发生器选址安装技术要求	行标	业务技术
	449		DB14/T 560—2010	人工影响天气火箭作业系统年检技术规范	地标	业务技术
	450		DB14/T 1436—2017	地面人工影响天气弹药管理要求	地标	管理
	451		DB14/T 1440—2017	机载大气物理探测仪器维护要求	地标	管理
	452	208.3 作业人员	DB14/T 1988—2020	地面人工影响天气作业人员培训规范	地标	管理
	453	208.4 技术流程	GB/T 34305—2017	37 mm高射炮防雹作业方式	国标	业务技术
	454		QX/T 17—2019	37 mm高炮增雨防雹作业安全技术规范	行标	业务技术
	455		QX/T 99—2019	人工影响天气安全　增雨防雹火箭作业系统安全操作要求	行标	管理
	456		QX/T 165—2012	人工影响天气作业用37 mm高炮安全操作规范	行标	管理
	457		QX/T 339—2016	高炮火箭防雹作业点记录规范	行标	管理
	458		QX/T 421—2018	飞机人工增雨(雪)作业宏观记录规范	行标	管理
	459		QX/T 422—2018	人工影响天气地面高炮、火箭作业空域申报信息格式	行标	通用基础
	460		QX/T 556—2020	飞机人工增雨(雪)作业流程	行标	业务技术
	461		DB14/T 1437—2017	飞机人工影响天气作业计划申报要求	地标	管理

续表

子体系名称	序号	标准体系编号	标准号	标准名称	标准层级	标准类型
208 人工影响天气	462	208.4 技术流程	DB14/T 1438—2017	飞机人工影响天气作业信息归档要求	地标	管理
	463		DB14/T 1439—2017	飞机人工增雨(雪)作业规程	地标	管理
	464		DB14/T 1442—2017	人工影响天气机载仪器操作规程	地标	管理
	465		DB14/T 1444—2017	云凝结核计数器标定技术规程	地标	管理
	466		DB14/T 1912—2019	机载人工影响天气设备作业前检查规范	地标	管理
	467		DB14/T 1914—2019	人工影响天气作业信息上报规程	地标	管理
	468		DB14/T 1915—2019	机载人工影响天气焰条式催化剂装卸操作规程	地标	管理
	469		DB14/T 1918—2019	层状云飞机人工增雨(雪)作业方案设计要求	地标	管理
	470		DB14/T 1989—2020	人工影响天气综合业务管理系统使用规程	地标	管理
	471	208.5 科学研究	GB/T 35573—2017	空中水汽资源计算方法	国标	业务技术
	472		QX/T 492—2019	大型活动气象服务指南　人工影响天气	行标	服务
	473		DB14/T 1435—2017	地面激光雨滴谱仪探测数据预处理	地标	管理
	474		DB14/T 1441—2017	机载云物理数据预处理	地标	管理
	475		DB14/T 1443—2017	人工影响天气中尺度云模式预报产品应用	地标	管理
	476		DB14/T 1917—2019	人工增雨(雪)催化潜力要求	地标	管理
	477		DB14/T 1987—2020	人工增雨效果检验技术规程	地标	业务技术
209 农业气象	478	209.1 农气观测	GB/T 34808—2017	农业气象观测规范　大豆	国标	业务技术
	479		GB/T 34818—2017	农田水分盈亏量的计算方法	国标	业务技术
	480		GB/T 38757—2020	设施农业小气候观测规范　日光温室和塑料大棚	国标	业务技术
	481		QX/T 75—2007	土壤湿度的微波炉测定	行标	业务技术
	482		QX/T 282—2015	农业气象观测规范　枸杞	行标	业务技术
	483		QX/T 298—2015	农业气象观测规范　柑橘	行标	业务技术
	484		QX/T 299—2015	农业气象观测规范　冬小麦	行标	业务技术
	485		QX/T 300—2015	农业气象观测规范　马铃薯	行标	业务技术
	486		QX/T 301—2015	林业气象观测规范　第4部分:森林地被可燃物含水量观测	行标	业务技术
	487		QX/T 361—2016	农业气象观测规范　玉米	行标	业务技术
	488		QX/T 362—2016	农业气象观测规范　烟草	行标	业务技术
	489		QX/T 382—2017	设施蔬菜小气候数据应用存储规范	行标	业务技术
	490		QX/T 409—2017	农业气象观测规范　番茄	行标	业务技术
	491		QX/T 435—2018	农业气象数据库设计规范	行标	业务技术

续表

子体系名称	序号	标准体系编号	标准号	标准名称	标准层级	标准类型
209 农业气象	492	209.1 农气观测	QX/T 448—2018	农业气象观测规范　油菜	行标	业务技术
	493		QX/T 468—2018	农业气象观测规范　水稻	行标	业务技术
	494		QX/T 474—2019	卫星遥感监测技术导则　水稻长势	行标	业务技术
	495		QX/T 591—2020	树轮密度资料采集技术方法	行标	业务技术
	496	209.2 农气预报	QX/T 391—2017	日光温室气象要素预报方法	行标	业务技术
	497	209.3 农气服务	GB/T 34810—2017	作物节水灌溉气象等级　玉米	国标	业务技术
	498		GB/T 34811—2017	作物节水灌溉气象等级　小麦	国标	业务技术
	499		GB/T 34812—2017	作物节水灌溉气象等级　棉花	国标	业务技术
	500		GB/T 34813—2017	作物节水灌溉气象等级　大豆	国标	业务技术
	501		GB/T 34816—2017	倒春寒气象指标	国标	业务技术
	502		GB/T 34817—2017	农业干旱预警等级	国标	业务技术
	503		QX/T 249—2014	淡水养殖气象观测规范	行标	业务技术
	504		QX/T 364—2016	卫星遥感冬小麦长势监测图形产品制作规范	行标	业务技术
	505		QX/T 381.1—2017	农业气象术语　第1部分:农业气象基础	行标	业务技术
	506	209.4 农气评价	GB/T 34815—2017	植被生态质量气象评价指数	国标	业务技术
	507		QX/T 335—2016	主要粮食作物产量年景等级	行标	业务技术
	508		QX/T 411—2017	茶叶气候品质评价	行标	业务技术
	509		QX/T 486—2019	农产品气候品质认证技术规范	行标	业务技术
	510		QX/T 494—2019	陆地植被气象与生态质量监测评价等级	行标	业务技术
	511		QX/T 557—2020	农产品气候品质评价　酿酒葡萄	行标	业务技术
	512		QX/T 572—2020	农产品气候品质评价　青枣	行标	业务技术
	513		QX/T 592—2020	农产品气候品质评价　柑橘	行标	业务技术
	514		DB14/T 1994—2020	酥梨气候品质评价	地标	业务技术
	515	209.5 农气灾害	GB/T 21985—2008	主要农作物高温危害温度指标	国标	业务技术
	516		GB/T 27959—2011	南方水稻、油菜和柑桔低温灾害	国标	业务技术
	517		GB/T 29366—2012	北方牧区草原干旱等级	国标	业务技术
	518		GB/T 32136—2015	农业干旱等级	国标	业务技术
	519		GB/T 32752—2016	农田渍涝气象等级	国标	业务技术
	520		GB/T 32779—2016	超级杂交稻制种气候风险等级	国标	业务技术

续表

子体系名称	序号	标准体系编号	标准号	标准名称	标准层级	标准类型
209 农业气象	521	209.5 农气灾害	GB/T 34809—2017	甘蔗干旱灾害等级	国标	业务技术
	522		GB/T 34965—2017	辣椒寒害等级	国标	业务技术
	523		GB/T 34967—2017	北方水稻低温冷害等级	国标	业务技术
	524		GB/T 37744—2019	水稻热害气象等级	国标	业务技术
	525		QX/T 81—2007	小麦干旱灾害等级	行标	业务技术
	526		QX/T 82—2019	小麦干热风灾害等级	行标	业务技术
	527		QX/T 88—2008	作物霜冻害等级	行标	业务技术
	528		QX/T 94—2008	寒露风等级	行标	业务技术
	529		QX/T 98—2008	早稻播种育秧期低温阴雨等级	行标	业务技术
	530		QX/T 107—2009	冬小麦、油菜涝渍等级	行标	业务技术
	531		QX/T 167—2012	北方春玉米冷害评估技术规范	行标	业务技术
	532		QX/T 168—2012	龙眼寒害等级	行标	业务技术
	533		QX/T 169—2012	橡胶寒害等级	行标	业务技术
	534		QX/T 182—2013	水稻冷害评估技术规范	行标	业务技术
	535		QX/T 197—2013	柑橘冻害等级	行标	业务技术
	536		QX/T 198—2013	杨梅冻害等级	行标	业务技术
	537		QX/T 199—2013	香蕉寒害评估技术规范	行标	业务技术
	538		QX/T 224—2013	龙眼暖害等级	行标	业务技术
	539		QX/T 258—2015	荔枝寒害评估	行标	业务技术
	540		QX/T 259—2015	北方春玉米干旱等级	行标	业务技术
	541		QX/T 260—2015	北方夏玉米干旱等级	行标	业务技术
	542		QX/T 281—2015	枇杷冻害等级	行标	业务技术
	543		QX/T 283—2015	枸杞炭疽病发生气象等级	行标	业务技术
	544		QX/T 363—2016	烤烟气象灾害等级	行标	业务技术
	545		QX/T 383—2017	玉米干旱灾害风险评价方法	行标	业务技术
	546		QX/T 392—2017	富士系苹果花期冻害等级	行标	业务技术
	547		QX/T 410—2017	茶树霜冻害等级	行标	业务技术
	548		QX/T 446—2018	大豆干旱等级	行标	业务技术
	549		QX/T 447—2018	黄淮海地区冬小麦越冬期冻害指标	行标	业务技术
	550		QX/T 527—2019	农业气象灾害风险区划技术导则	行标	业务技术
	551		QX/T 583—2020	夏玉米涝渍等级	行标	业务技术

续表

子体系名称	序号	标准体系编号	标准号	标准名称	标准层级	标准类型
209 农业气象	552	209.5 农气灾害	DB14/T 1646—2018	葡萄冻害气象等级划分	地标	业务技术
	553		DB14/T 1709—2018	设施番茄　黄瓜　辣椒低温冷害等级划分	地标	业务技术
	554		DB14/T 1993—2020	晚熟红富士苹果花期冻害气象等级	地标	业务技术
210 卫星气象	555	210.1 地面系统	GB/T 38951—2020	静止气象卫星 S-VISSR 数据接收系统	国标	业务技术
	556		QX/T 139—2020	极轨气象卫星大气垂直探测资料 L1C 数据格式　辐射率	行标	业务技术
	557		QX/T 158—2012	气象卫星数据分级	行标	管理
	558		QX/T 175—2012	风云二号静止气象卫星 S-VISSR 数据接收系统	行标	管理
	559		QX/T 196—2013	静止气象卫星及其地面应用系统运行故障等级	行标	管理
	560		QX/T 208—2019	气象卫星地面系统遥测数据格式规范	行标	管理
	561		QX/T 209—2013	8025-8400MHz 频带卫星地球探测业务使用规范	行标	管理
	562		QX/T 237—2014	风云极轨系列气象卫星核心元数据	行标	管理
	563		QX/T 238—2019	风云三号 B/C/D 气象卫星数据广播和接收规范	行标	管理
	564		QX/T 251—2014	风云三号气象卫星 L0 和 L1 数据质量等级	行标	业务技术
	565		QX/T 266—2015	气象卫星光学遥感器场地辐射校正星地同步观测规范	行标	管理
	566		QX/T 296—2015	风云卫星地面应用系统工程项目转业务运行流程	行标	服务
	567		QX/T 327—2016	气象卫星数据分类与编码规范	行标	管理
	568		QX/T 345—2016	极轨气象及其地面应用卫星光学遥感器场地辐射校正星地同步观测规范	行标	管理
	569		QX/T 365—2016	气象卫星接收时间表格式	行标	通用基础
	570		QX/T 374—2017	风云二号卫星地面应用系统运行成功率统计方法	行标	通用基础
	571		QX/T 388—2017	静止气象卫星红外波段交叉定标技术规范	行标	管理
	572		QX/T 545—2020	风云系列极轨气象卫星可见光红外扫描辐射计在轨星上红外辐射定标方法	行标	业务技术
	573		QX/T 553—2020	风云三号气象卫星用户直收系统技术规范	行标	管理
	574		QX/T 554—2020	风云三号气象卫星业务运行成功率统计方法	行标	业务技术
	575		QX/T 580—2020	气象卫星地面系统计算机硬件维护规范	行标	业务技术
	576		QX/T 585—2020	气象卫星数据编目规则	行标	业务技术

续表

子体系名称	序号	标准体系编号	标准号	标准名称	标准层级	标准类型
210 卫星气象	577	210.2 遥感应用	QX/T 96—2020	卫星遥感监测技术导则　积雪覆盖	行标	业务技术
	578		QX/T 127—2011	气象卫星定量产品质量评价指标和评估报告要求	行标	业务技术
	579		QX/T 137—2011	气象卫星产品分层数据格式	行标	管理
	580		QX/T 139—2020	极轨气象卫星大气垂直探测资料 L1C 数据格式　辐射率	行标	管理
	581		QX/T 140—2011	卫星遥感洪涝监测技术导则	行标	业务技术
	582		QX/T 141—2011	卫星遥感沙尘暴天气监测技术导则	行标	业务技术
	583		QX/T 159—2012	地基傅立叶变换高光谱仪大气光谱观测规范	行标	管理
	584		QX/T 176—2012	遥感卫星光学辐射校正场数据格式	行标	管理
	585		QX/T 177—2012	中尺度对流系统卫星遥感监测技术导则	行标	管理
	586		QX/T 187—2013	射出长波辐射产品标定校准方法	行标	管理
	587		QX/T 188—2013	卫星遥感植被监测技术导则	行标	业务技术
	588		QX/T 195—2013	电离层垂直探测规范	行标	管理
	589		QX/T 205—2013	中国气象卫星名词术语	行标	管理
	590		QX/T 206—2013	卫星低光谱分辨率红外仪器性能指标计算方法	行标	业务技术
	591		QX/T 207—2013	湖泊蓝藻水华卫星遥感监测技术导则	行标	业务技术
	592		QX/T 250—2014	气象卫星产品术语	行标	业务技术
	593		QX/T 267—2015	卫星遥感雾监测产品制作技术导则	行标	管理
	594		QX/T 284—2015	甘蔗长势卫星遥感评估技术规范	行标	业务技术
	595		QX/T 344.1—2016	卫星遥感火情监测方法　第 1 部分:总则	行标	业务技术
	596		QX/T 344.2—2019	卫星遥感火情监测方法　第 2 部分:火点判识	行标	业务技术
	597		QX/T 344.3—2020	卫星遥感火情监测方法　第 3 部分:火点强度估算	行标	业务技术
	598		QX/T 373—2017	气象卫星数据共享服务评估方法	行标	通用基础
	599		QX/T 379—2017	卫星遥感南海夏季风爆发监测技术导则	行标	业务技术
	600		QX/T 387—2017	气象卫星数据文件名命名规范	行标	管理
	601		QX/T 389—2017	卫星遥感海冰监测产品规范	行标	业务技术
	602		QX/T 412—2017	卫星遥感监测技术导则　霾	行标	业务技术
	603		QX/T 454—2018	卫星遥感秸秆焚烧过火区面积估算技术导则	行标	业务技术
	604		QX/T 460—2018	卫星遥感产品图布局规范	行标	管理
	605		QX/T 519—2019	静止气象卫星热带气旋定强技术方法	行标	业务技术

续表

子体系名称	序号	标准体系编号	标准号	标准名称	标准层级	标准类型
210 卫星气象	606	210.2 遥感应用	QX/T 537—2020	高分辨率对地观测卫星草地面积变化监测技术导则	行标	业务技术
	607		QX/T 538—2020	高分辨率对地观测卫星森林覆盖面积变化监测技术导则	行标	业务技术
	608		QX/T 539—2020	高分辨率对地观测卫星沙地面积变化监测技术导则	行标	业务技术
	609		QX/T 540—2020	高分辨率对地观测卫星陆地水体面积变化监测技术导则	行标	业务技术
	610		QX/T 561—2020	卫星遥感监测产品规范　湖泊蓝藻水华	行标	业务技术
	611		QX/T 584—2020	海上风能资源遥感调查与评估技术导则	行标	业务技术
211 航空气象	612	211.1 民航气象	MH/T 4016.2—2007	民用航空气象　第二部分:预报	行标	业务技术
	613		MH/T 4016.3—2007	民用航空气象　第三部分:服务	行标	业务技术
	614		MH/T 4016.6—2007	民用航空气象　第六部分:电码	行标	业务技术
	615		MH/T 4016.7—2008	民用航空气象　第七部分:气候资料整编分析	行标	业务技术
	616		MH/T 4016.8—2008	民用航空气象　第八部分:天气图填绘与分析	行标	业务技术
	617		MH/T 4016.9—2011	民用航空气象　第九部分:自动气象观测系统数据输出格式	行标	业务技术
		211.2 通航气象	待制定			
212 大气成分	618	212.1 大气监测	GB/T 19117—2017	酸雨观测规范	国标	业务技术
	619		GB/T 31159—2014	大气气溶胶观测术语	国标	通用基础
	620		GB/T 31705—2015	气相色谱法本底大气二氧化碳和甲烷浓度在线观测方法	国标	业务技术
	621		GB/T 31707—2015	气相色谱法本底大气一氧化碳浓度在线观测数据处理方法	国标	业务技术
	622		GB/T 31709—2015	气相色谱法本底大气二氧化碳和甲烷浓度在线观测数据处理方法	国标	业务技术
	623		GB/T 33672—2017	大气甲烷光腔衰荡光谱观测系统	国标	业务技术
	624		GB/T 34286—2017	温室气体　二氧化碳测量　离轴积分腔输出光谱法	国标	业务技术
	625		GB/T 34287—2017	温室气体　甲烷测量　离轴积分腔输出光谱法	国标	业务技术

续表

子体系名称	序号	标准体系编号	标准号	标准名称	标准层级	标准类型
212 大气成分	626	212.1 大气监测	GB/T 34415—2017	大气二氧化碳(CO_2)光腔衰荡光谱观测系统	国标	业务技术
	627		GB/T 35664—2017	大气降水中铵离子的测定　离子色谱法	国标	业务技术
	628		GB/T 35665—2017	大气降水中甲酸根和乙酸根离子的测定　离子色谱法	国标	业务技术
	629		QX/T 67—2007	本底大气二氧化碳浓度瓶采样测定方法　非色散红外法	行标	业务技术
	630		QX/T 68—2007	大气黑碳气溶胶观测　光学衰减方法	行标	业务技术
	631		QX/T 70—2007	大气气溶胶元素碳与有机碳测定　热光分析方法	行标	业务技术
	632		QX/T 71—2007	地面臭氧观测规范	行标	业务技术
	633		QX/T 72—2007	大气亚微米颗粒物粒度普分布　电迁移分析法	行标	业务技术
	634		QX/T 125—2011	温室气体本底观测术语	国标	通用基础
	635		QX/T 164—2012	温室气体玻璃瓶采样方法	行标	通用基础
	636		QX/T 172—2012	Brewer 光谱仪观测臭氧柱总量的方法	行标	通用基础
	637		QX/T 173—2012	GRIMM 180 测量 PM_{10}、$PM_{2.5}$ 和 PM_1 的方法	行标	通用基础
	638		QX/T 174—2012	大气成分站选址要求	行标	业务技术
	639		QX/T 213—2013	温室气体玻璃采样瓶预处理和后处理方法	行标	业务技术
	640		QX/T 214—2013	卤代温室气体不锈钢采样罐预处理和后处理方法	行标	业务技术
	641		QX/T 215—2013	一氧化碳、二氧化碳和甲烷标气制备方法	行标	业务技术
	642		QX/T 216—2013	大气中甲醛测定　酚试剂分光光度法	行标	业务技术
	643		QX/T 217—2013	大气中氨(铵)测定　靛酚蓝分光光度法	行标	业务技术
	644		QX/T 218—2013	大气中挥发性有机物测定　采样罐采样和气相色谱/质谱联用分析法	行标	业务技术
	645		QX/T 271—2015	光学衰减法大气颗粒物吸收光度仪维护与校准周期	行标	业务技术
	646		QX/T 272—2015	大气二氧化硫监测方法　紫外荧光法	行标	业务技术
	647		QX/T 273—2015	大气一氧化碳监测方法　红外气体滤光相关法	行标	业务技术
	648		QX/T 305—2015	直径 47 mm 大气气溶胶滤膜称量技术规范	行标	业务技术
	649		QX/T 306—2015	大气气溶胶散射系数观测　积分浊度法	行标	业务技术
	650		QX/T 307—2015	大气气溶胶质量浓度观测　锥管振荡微天平法	行标	业务技术
	651		QX/T 419—2018	空气负离子观测规范　电容式吸入法	行标	业务技术

续表

子体系名称	序号	标准体系编号	标准号	标准名称	标准层级	标准类型
212 大气成分	652	212.1 大气监测	QX/T 429—2018	温室气体　二氧化碳和甲烷观测规范　离轴积分腔输出光谱法	行标	业务技术
	653		QX/T 508—2019	大气气溶胶碳组分膜采样分析规范	行标	业务技术
	654		QX/T 509—2019	GRIMM 180 颗粒物浓度监测仪标校规范	行标	业务技术
	655		QX/T 510—2019	大气成分观测数据质量控制方法　反应性气体	行标	通用基础
	656		QX/T 517—2019	酸雨气象观测数据格式　BUFR	行标	通用基础
	657	212.2 评估预报	GB/T 32150—2015	工业企业温室气体排放核算和报告通则	国标	服务
	658		GB/T 32151.1—2015	温室气体排放核算与报告要求　第 1 部分：发电企业	国标	服务
	659		GB/T 32151.2—2015	温室气体排放核算与报告要求　第 2 部分：电网企业	国标	服务
	660		GB/T 32151.3—2015	温室气体排放核算与报告要求　第 3 部分：镁冶炼企业	国标	服务
	661		GB/T 32151.4—2015	温室气体排放核算与报告要求　第 4 部分：铝冶炼企业	国标	服务
	662		GB/T 32151.5—2015	温室气体排放核算与报告要求　第 5 部分：钢铁生产企业	国标	服务
	663		GB/T 32151.6—2015	温室气体排放核算与报告要求　第 6 部分：民用航空企业	国标	服务
	664		GB/T 32151.7—2015	温室气体排放核算与报告要求　第 7 部分：平板玻璃生产企业	国标	服务
	665		GB/T 32151.8—2015	温室气体排放核算与报告要求　第 8 部分：水泥生产企业	国标	服务
	666		GB/T 32151.9—2015	温室气体排放核算与报告要求　第 9 部分：陶瓷生产企业	国标	服务
	667		GB/T 32151.10—2015	温室气体排放核算与报告要求　第 10 部分：化工生产企业	国标	服务
	668		GB/T 32151.11—2018	温室气体排放核算与报告要求　第 11 部分：煤炭生产企业	国标	服务
	669		GB/T 32151.12—2018	温室气体排放核算与报告要求　第 12 部分：纺织服装企业	国标	服务

续表

子体系名称	序号	标准体系编号	标准号	标准名称	标准层级	标准类型
212 大气成分	670	212.2 评估预报	GB/T 34302—2017	地面臭氧预警等级	国标	通用基础
	671		QX/T 113—2010	霾的观测和预报等级	行标	业务技术
	672		QX/T 240—2014	光化学烟雾判识	行标	通用基础
	673		QX/T 241—2014	光化学烟雾等级	行标	通用基础
	674		QX/T 269—2015	气溶胶污染气象条件指数(PLAM)	行标	通用基础
	675		QX/T 372—2017	酸雨和酸雨区等级	行标	通用基础
	676		QX/T 380—2017	空气负(氧)离子浓度等级	行标	服务
	677		QX/T 413—2018	空气污染扩散气象条件等级	行标	通用基础
	678		QX/T 479—2019	$PM_{2.5}$ 气象条件评估指数(EMI)	行标	通用基础
	679		QX/T 513—2019	霾天气过程划分	行标	通用基础
	680		DB14/T 1710—2018	温室气体　二氧化碳浓度评估规范	地标	业务技术
213 雷电防御	681	213.1 雷电监测	QX/T 79.1—2007	闪电监测定位系统　第1部分:技术条件	行标	业务技术
	682		QX/T 79.2—2013	闪电监测定位系统　第2部分:观测方法	行标	业务技术
	683		QX/T 79.3—2013	闪电监测定位系统　第3部分:验收规定	行标	管理
	684	213.2 雷电预警	QX/T 262—2015	雷电临近预警技术指南	行标	业务技术
	685	213.3 雷电防护	GB/T 31162—2014	地面气象观测场(室)防雷技术规范	国标	业务技术
	686		GB/T 39437—2020	供排水系统防雷技术规范	国标	业务技术
	687		GB 50057—2010	建筑物防雷设计规范	国标	业务技术
	688		QX/T 2—2016	新一代天气雷达站防雷技术规范	行标	业务技术
	689		QX/T 10.1—2018	电涌保护器　第1部分:性能要求和试验方法	行标	业务技术
	690		QX/T 10.2—2018	电涌保护器　第2部分:在低压电气系统中的选择和使用原则	行标	业务技术
	691		QX/T 10.3—2019	电涌保护器　第3部分:在电子系统信号网络中的选择和使用原则	行标	业务技术
	692		QX/T 104—2009	接地降阻剂	行标	业务技术
	693		QX/T 105—2018	雷电防护装置施工质量验收规范	行标	管理
	694		QX/T 106—2018	雷电防护装置设计技术评价规范	行标	业务技术
	695		QX/T 109—2009	城镇燃气防雷技术规范	行标	服务
	696		QX/T 150—2011	煤炭工业矿井防雷设计规范	行标	服务

续表

子体系名称	序号	标准体系编号	标准号	标准名称	标准层级	标准类型
213 雷电防御	697	213.3 雷电防护	QX/T 161—2012	地基GPS接收站防雷技术规范	行标	业务技术
	698		QX/T 162—2012	风廓线雷达站防雷技术规范	行标	业务技术
	699		QX/T 166—2012	防雷工程专业设计常用图形符号	行标	通用基础
	700		QX 189—2013	文物建筑防雷技术规范	行标	服务
	701		QX/T 190—2013	高速公路设施防雷设计规范	行标	服务
	702		QX/T 210—2013	城市景观照明设施防雷技术规范	行标	服务
	703		QX/T 225—2013	索道工程防雷技术规范	行标	服务
	704		QX/T 226—2013	人工影响天气作业点防雷技术规范	行标	业务技术
	705		QX/T 230—2014	中小学校雷电防护技术规范	行标	服务
	706		QX/T 231—2014	古树名木防雷技术规范	行标	服务
	707		QX/T 246—2014	建筑施工现场雷电安全技术规范	行标	服务
	708		QX/T 263—2015	太阳能光伏系统防雷技术规范	行标	服务
	709		QX/T 264—2015	旅游景区雷电灾害防御技术规范	行标	服务
	710		QX/T 287—2015	家用太阳热水系统防雷技术规范	行标	服务
	711		QX/T 310—2015	煤化工装置防雷设计规范	行标	服务
	712		QX/T 330—2016	大型桥梁防雷设计规范	行标	服务
	713		QX/T 331—2016	智能建筑防雷设计规范	行标	服务
	714		QX/T 384—2017	防雷工程专业设计方案编制导则	行标	业务技术
	715		QX/T 399—2017	供水系统防雷技术规范	行标	服务
	716		QX/T 430—2018	烟花爆竹生产企业防雷技术规范	行标	服务
	717		QX/T 431—2018	雷电防护技术文档分类与编码	行标	业务技术
	718		QX/T 450—2018	阻隔防爆橇装式加油(气)装置防雷技术规范	行标	服务
	719		QX/T 499—2019	道路交通电子监控系统防雷技术规范	行标	服务
	720	213.4 防雷检测	GB/T 21431—2015	建筑物防雷装置检测技术规范	国标	业务技术
	721		GB/T 32937—2016	爆炸和火灾危险场所防雷装置检测技术规范	国标	业务技术
	722		GB/T 32938—2016	防雷装置检测服务规范	国标	业务技术
	723		GB/T 33676—2017	通信局(站)防雷装置检测技术规范	国标	业务技术
	724		QX/T 149—2011	新建建筑物防雷装置检测报告编制规范	行标	业务技术
	725		QX/T 160—2012	爆炸和火灾危险环境雷电防护安全评价技术规范	行标	业务技术
	726		QX/T 186—2013	安全防范系统雷电防护要求及检测技术规范	行标	业务技术
	727		QX/T 211—2019	高速公路设施防雷装置检测技术规范	行标	服务

续表

子体系名称	序号	标准体系编号	标准号	标准名称	标准层级	标准类型
213 雷电防御	728	213.4 防雷检测	QX/T 232—2019	雷电防护装置定期检测报告编制规范	行标	业务技术
	729		QX/T 265—2015	输气管道系统防雷装置检测技术规范	行标	服务
	730		QX/T 311—2015	大型浮顶油罐防雷装置检测规范	行标	服务
	731		QX/T 312—2015	风力发电机组防雷装置检测技术规范	行标	服务
	732		QX/T 319—2016	防雷装置检测文件归档整理规范	行标	业务技术
	733		QX/T 403—2017	雷电防护装置检测单位年度报告规范	行标	业务技术
	734		QX/T 498—2019	地铁雷电防护装置检测技术规范	行标	服务
	735		QX/T 560—2020	雷电防护装置检测作业安全规范	行标	业务技术
	736		QX/T 576—2020	接地装置冲击接地电阻检测技术规范	行标	业务技术
	737		QX/T 577—2020	防雷接地电阻在线监测技术要求	行标	业务技术
	738	213.5 服务监管	QX/T 309—2017	防雷安全管理规范	行标	管理
	739		QX/T 318—2016	防雷装置检测机构信用评价规范	行标	管理
	740		QX/T 398—2017	防雷装置设计审核和竣工验收行政处罚规范	行标	管理
	741		QX/T 400—2017	防雷安全检查规程	行标	管理
	742		QX/T 401—2017	雷电防护装置检测单位质量管理体系建设规范	行标	管理
	743		QX/T 402—2017	雷电防护装置检测单位监督检查规范	行标	管理
	744		QX/T 404—2017	电涌保护器产品质量监督抽查规范	行标	管理
	745		QX/T 406—2017	雷电防护装置检测专业技术人员职业要求	行标	管理
	746		QX/T 407—2017	雷电防护装置检测专业技术人员职业能力评价	行标	管理
	747	213.6 调查评估	QX/T 85—2018	雷电灾害风险评估技术规范	行标	业务技术
	748		QX/T 103—2017	雷电灾害调查技术规范	行标	业务技术
	749		QX/T 191—2013	雷电灾情统计规范	行标	业务技术
	750		QX/T 405—2017	雷电灾害风险区划技术指南	行标	业务技术
	751		DB14/T 1919—2019	雷电灾害风险区划	地标	业务技术
214 气象综合	752	214.1 工程管理	QX/T 31—2018	气象建设项目竣工验收规范	行标	管理
	753		QX/T 275—2015	气象工程项目建议书编制规范	行标	管理
	754		QX/T 276—2015	气象工程项目初步设计报告编制规范	行标	管理
	755		QX/T 277—2015	气象工程项目可行性研究报告编制规范	行标	管理
		214.2 培训管理	待制定			

续表

子体系名称	序号	标准体系编号	标准号	标准名称	标准层级	标准类型
214 气象综合	756	214.2 社会管理	QX/T 349—2016	气象立法技术规范	行标	管理
	757		QX/T 432—2018	气象科技成果认定规范	行标	业务技术
	758		QX/T 512—2019	气象行政执法案卷立卷归档规范	行标	管理

截至 2021 年 12 月 1 日，拟研制标准明细见表 5.2。

表 5.2 拟研制标准明细表

子体系名称	序号	标准体系编号	标准名称	标准层级	标准类型
201 气象防灾减灾	1	201.1 灾害等级	气象灾害风险区划技术指南(系列规范)	地标	业务技术
	2		霜冻灾害等级	地标	业务技术
	3	201.2 预警发布	公共场所气象灾害预警标志设置规范	地标	业务技术
	4		气象灾害公报编制规则	地标	业务技术
	5	201.3 防御应急	农村气象灾害应急准备要求	地标	业务技术
	6		旅游景区气象灾害防御要求	地标	业务技术
	7		乡村气象防灾减灾建设规范	地标	业务技术
	8		气象应急减灾服务培训演练规范	地标	业务技术
	9	201.4 调查评估	气象灾害调查工作规范	地标	业务技术
	10		气象灾害风险调查技术规范	地标	业务技术
	11		气象灾害调查报告编写要求	地标	业务技术
	12		山西省气象灾害风险评估区划技术规范 暴雨	地标	业务技术
	13		山西省气象灾害风险评估技术规范 雷电	地标	业务技术
	14		山西省气象灾害风险评估技术规范 大风	地标	业务技术
	15		山西省气象灾害风险评估技术规范 冰雹	地标	业务技术
	16		山西省气象灾害风险评估技术规范 干旱	地标	业务技术
	17		山西省气象灾害风险评估技术规范 道路积冰	地标	业务技术
	18		山西省气象灾害风险评估技术规范 连阴雨	地标	业务技术
	19		山西省气象灾害风险评估技术规范 高温	地标	业务技术
	20		山西省气象灾害风险评估技术规范 低温冰冻	地标	业务技术
	21		山西省气象灾害风险评估技术规范 霾	地标	业务技术

续表

子体系名称	序号	标准体系编号	标准名称	标准层级	标准类型
201 气象防灾减灾	22	201.4 调查评估	山西省气象灾害风险评估技术规范　雪灾	地标	业务技术
	23		气象灾害评估	地标	业务技术
	24		气象灾情调查积水规范(系列规范)	地标	业务技术
202 应对气候变化	25	202.1 气候分级	气象干旱指标	地标	业务技术
	26	202.2 评估论证	区域性气候可行性论证技术标准	地标	业务技术
	27		气候品质认证技术方法	地标	业务技术
	28		气候影响评价制作规范	地标	业务技术
	29		气候影响评价制作规范	地标	业务技术
203 生态气象	30	203.1 监测	生态气象监测技术导则(系列标准)	地标	业务技术
	31		生态环境建设工程 3S 技术监测规程	地标	业务技术
	32		生态气象监测评估等级(系列标准)	地标	业务技术
	33		生态气象灾害风险普查与区划(系列标准)	地标	业务技术
	34		森林火险气象条件等级	地标	业务技术
	35		城市生态气象观测指标体系	地标	业务技术
	36	203.2 预警	山洪气象风险预警等级	地标	业务技术
	37		地质灾害气象风险预警等级	地标	业务技术
	38		森林火险气象风险预警等级	地标	业务技术
	39	203.3 资源利用	生态环境评估技术指标	地标	业务技术
	40		太阳能资源评估技术	地标	业务技术
	41		风能太阳能电站气象服务规范	地标	业务技术
	42		风能资源评估技术	地标	业务技术
	43		草原生态气象观测评估　第1部分:草原小气候观测规范	地标	业务技术
	44		山西省太阳能资源计算与评估方法	地标	业务技术
	45		风能资源评估技术规定	地标	业务技术
	46		光伏电场气象灾害种类及分级	地标	业务技术
204 公共气象服务	47	204.1 服务产品	高速公路行车安全气象条件等级	地标	业务技术
	48		供暖节能气象等级	地标	业务技术
	49		中暑气象等级	地标	业务技术
	50		气象影视图形色标规范	地标	业务技术

续表

子体系名称	序号	标准体系编号	标准名称	标准层级	标准类型
204 公共气象服务	51	204.1 服务产品	流域洪水气象条件预报等级	地标	业务技术
	52		气象指数	地标	业务技术
	53		森林火险气象风险等级	地标	业务技术
	54	204.2 产品发布	山岳型景区旅游气象服务产品规范	地标	业务技术
	55		架空输电线路山火风险预报技术标准	地标	业务技术
	56		节能供暖气象条件等级	地标	业务技术
	57		决策服务制作产品规范	地标	业务技术
	58		电网气象灾害预警规范	地标	业务技术
	59	204.3 服务评价	尾矿库降雨气象服务规范	地标	业务技术
	60		风电场专业气象服务规程	地标	业务技术
	61		经济开发区气象资源调查内容及方法	地标	业务技术
	62		城市土地利用气候环境评估技术方法	地标	业务技术
	63		城市绿地建设气候效应评估技术方法	地标	业务技术
	64		工业园区选址布局气候可行性论证技术方法	地标	业务技术
	65		铁路建设项目气候可行性论证技术方法	地标	业务技术
	66		机场航空建设项目气候可行性论证技术方法	地标	业务技术
	67		城市轨道交通灾害性天气服务规范	地标	业务技术
	68		城市通风潜力评估技术方法	地标	业务技术
	69		决策气象服务质量综合评估方法	地标	业务技术
	70		大型活动气象服务规范	地标	业务技术
	71		旅游景区气象灾害防御服务规范	地标	业务技术
	72		山西高速公路气象服务产品规范	地标	业务技术
	73		山西省道路交通气象服务规范	地标	业务技术
	74		非职业性一氧化碳中毒气象条件等级及预报	地标	业务技术
	75		海绵城市规划气候环境评估技术标准	地标	业务技术
	76		气象灾害敏感单位风险评估技术规范	地标	业务技术
	77		旅游气候舒适度评价	地标	业务技术
	78		旅游气象服务业务规范	地标	业务技术
205 气象预报预测	79	205.1 天气现象	连阴雨等级划分	地标	业务技术
	80		区域性降水过程强度等级	地标	业务技术

续表

子体系名称	序号	标准体系编号	标准名称	标准层级	标准类型
205 气象预报预测	81	205.2 监测预报	极端高温、低温和降水标准	地标	业务技术
	82		山西雨季监测标准	地标	业务技术
	83		极端高温监测指标	地标	业务技术
	84		冷空气过程监测指标	地标	业务技术
	85		临近预报产品规范	地标	业务技术
	86		短时预报产品规范	地标	业务技术
	87		网格业务产品规范	地标	业务技术
	88		暴雨强度公式适应性分析内容与方法	地标	业务技术
	89		大风天气过程强度评估方法	地标	业务技术
	90		倒春寒监测标准	地标	业务技术
	91	205.3 灾害预警	气象灾害预警等级(暴雨)	地标	业务技术
	92		气象灾害预警等级(暴雪)	地标	业务技术
	93		气象灾害预警等级(强对流)	地标	业务技术
	94		气象灾害预警等级(大雾)	地标	业务技术
	95		气象灾害预警等级(霾)	地标	业务技术
	96		气象灾害预警等级(霜冻)	地标	业务技术
	97		气象灾害预警等级(高低温)	地标	业务技术
206 综合气象观测	98	206.2 观测方法	土壤水分观测仪电性能核查技术规范	地标	业务技术
	99		地面气象观测自动化台站操作规范	地标	业务技术
	100		无人机垂直观测规范	地标	业务技术
	101		气象平行观测数据评估方法	地标	业务技术
	102	206.3 装备技术	小型天气雷达定标技术规范	地标	业务技术
	103		区域自动气象站维护维修技术规范	地标	业务技术
	104		地市级移动校准维修系统运行规定	地标	业务技术
	105		自动气象站传感器更换规范	地标	业务技术
	106		常规气象观测站维护维修技术规范	地标	业务技术
	107	206.4 站网建设	小型天气雷达建设技术规范	地标	业务技术
	108		激光雷达系统选址规范	地标	业务技术
	109		微波辐射计选址规范	地标	业务技术
	110		X 波段多普勒天气雷达选址要求	地标	业务技术
	111		高速公路交通气象站选址要求	地标	业务技术

续表

子体系名称	序号	标准体系编号	标准名称	标准层级	标准类型
206 综合气象观测	112	206.4 站网建设	高速公路恶劣气象条件监测站建设技术规范	地标	业务技术
206 综合气象观测	113	206.4 站网建设	社会气象观测站建设指南	地标	业务技术
207 气象信息	114	207.1 信息网络	气象信息网络安全规范	地标	业务技术
207 气象信息	115	207.2 数据传输	省级气象数据环境系统业务应用规范	地标	业务技术
207 气象信息	116	207.2 数据传输	社会化气象观测数据格式及传输规范	地标	业务技术
207 气象信息	117	207.2 数据传输	气象数据传输监控规范	地标	业务技术
207 气象信息	118	207.3 数据处理	气象数据服务规范	地标	业务技术
207 气象信息	119	207.3 数据处理	气象数据服务评价规范	地标	业务技术
207 气象信息	120	207.3 数据处理	气象记录档案归档存储规范　地面	地标	业务技术
207 气象信息	121	207.3 数据处理	气象科研档案归档存储规范	地标	业务技术
207 气象信息	122	207.3 数据处理	气象服务数据信息接口规范	地标	业务技术
208 人工影响天气	123	208.1 安全管理	地面人工影响天气作业公告规范	地标	业务技术
208 人工影响天气	124	208.1 安全管理	人工影响天气弹药坠落现场技术调查规范	地标	业务技术
208 人工影响天气	125	208.1 安全管理	人工影响天气作业事故调查规范	地标	业务技术
208 人工影响天气	126	208.1 安全管理	人工影响天气作业事故报告规范	地标	业务技术
208 人工影响天气	127	208.1 安全管理	人工影响天气作业组织、人员和站点编码规范	地标	业务技术
208 人工影响天气	128	208.1 安全管理	人工影响天气地面作业团队保障规范	地标	业务技术
208 人工影响天气	129	208.1 安全管理	人影地面作业团队保障管理规范	地标	业务技术
208 人工影响天气	130	208.1 安全管理	人工影响天气地面作业故障、事故紧急处置规范	地标	业务技术
208 人工影响天气	131	208.2 物资管理	人工影响天气地面作业站点建设验收规范	地标	业务技术
208 人工影响天气	132	208.2 物资管理	人工影响天气固定作业站点安全防范技术要求	地标	业务技术
208 人工影响天气	133	208.2 物资管理	人工影响天气瞎火弹头坠落处置规范	地标	业务技术
208 人工影响天气	134	208.2 物资管理	人工影响天气自动化 37 mm 高炮检修技术规范	地标	业务技术
208 人工影响天气	135	208.2 物资管理	人工影响天气地面作业装备报废规范	地标	业务技术
208 人工影响天气	136	208.3 作业人员	人工影响天气作业用 37 mm 高炮实操考核规范	地标	业务技术
208 人工影响天气	137	208.3 作业人员	人工影响天气地面作业队伍建设规范	地标	业务技术

续表

子体系名称	序号	标准体系编号	标准名称	标准层级	标准类型
208 人工影响天气	138	208.4 技术流程	地面燃烧焰炉人工增雨(雪)作业技术规范	地标	业务技术
	139		人工影响天气弹药管理物联网技术应用规范	地标	业务技术
	140		人工影响天气地面作业装备安全锁定装置使用技术规范	地标	业务技术
	141		空地联合人工增雨作业流程	地标	业务技术
	142		人工影响天气高炮作业前检查规范	地标	业务技术
	143	208.5 科学研究	人工影响天气作业潜力预报制作规程	地标	业务技术
	144		人工影响天气作业需求分析制作规程	地标	业务技术
	145		空中云水资源评估术语	地标	业务技术
209 农业气象	146	209.1 农气观测	农业气象自动观测规范(系列标准)	地标	业务技术
	147		农田生态气象观测技术规范	地标	业务技术
	148		农业小气候观测站建设规范	地标	业务技术
	149		日光温室和塑料大棚小气候自动观测站选型与安装技术要求	地标	业务技术
	150		农业气象观测数据存储管理规范	地标	业务技术
	151		塑料日光温室气象要素采集方法	地标	业务技术
	152		单面日光温室采光结构参数	地标	业务技术
	153		温室小气候要素的观测方法	地标	业务技术
	154		红枣生产农业气象观测规范	地标	业务技术
	155		经济林果(苹果)人工智能观测标准	地标	业务技术
	156	209.2 农气预报	农用天气预报　第1部分:苹果树农药喷洒	地标	业务技术
	157		农用天气预报　第2部分:苹果套袋、除袋	地标	业务技术
	158		温室蔬菜种植　低温寡照天气等级和预报	地标	业务技术
	159		基于3S技术的农业气候区划方法	地标	业务技术
	160		农业气候区划技术规范	地标	业务技术
	161		农业气象灾害区划技术规范	地标	业务技术
	162		农用天气预报制作技术规程	地标	业务技术
	163	209.3 农气服务	冬小麦种植气象服务规范	地标	业务技术
	164		枣种植气象服务规范	地标	业务技术
	165		黄花菜种植气象服务指南	地标	业务技术
	166		药茶种植气象服务指南系列	地标	业务技术
	167		高标准粮田气象保障能力建设	地标	业务技术
	168		陕西黄土高原苹果园双覆盖调水节水技术操作规程	地标	业务技术

续表

子体系名称	序号	标准体系编号	标准名称	标准层级	标准类型
209 农业气象	169	209.3 农气服务	苹果着色期光照条件	地标	业务技术
	170		果园霜冻防御技术规程　熏烟和加热法	地标	业务技术
	171		玉露香梨气象服务规范	地标	业务技术
	172		安泽连翘种植气象服务指南	地标	业务技术
	173	209.4 农气评价	山西玉米(春玉米、夏玉米)干旱影响定量评估标准	地标	业务技术
	174		山西优质谷子气候品质评价标准	地标	业务技术
	175		农产品气候品质评价(系列标准)	地标	业务技术
	176		农业气候资源调查规范	地标	业务技术
	177		农业气候资源等级划分	地标	业务技术
	178		农业干旱评估技术规范	地标	业务技术
	179		农产品气候品质认证服务通则	地标	业务技术
	180		设施农业气象服务效益评估方法	地标	业务技术
	181	209.5 农气灾害	设施农业气象灾害现场调查规范	地标	业务技术
	182		农作物气象灾害等级　冬小麦	地标	业务技术
	183		玉米渍害等级	地标	业务技术
	184		玉米螟发生气象等级	地标	业务技术
	185		大田播种期干旱等级	地标	业务技术
	186		高平大黄梨花期冻害气象等级	地标	业务技术
	187		设施蔬菜寡照灾害预警等级	地标	业务技术
	188		苹果气象灾害　第1部分:花期冻害预警等级	地标	业务技术
	189		苹果气象灾害　第2部分:高温热害预警等级	地标	业务技术
	190		农作物低温气象灾害　定义与分级	地标	业务技术
	191		春季霜冻灾害等级及风险区划	地标	业务技术
	192		小麦干热风气象风险等级	地标	业务技术
	193		油桃花期及幼果期冻害气象等级划分	地标	业务技术
	194		设施农业(温室)风雪气象灾害预警等级	地标	业务技术
210 卫星气象	195	210.1 地面系统	气象探测环境保护规范　卫星地面站	地标	业务技术
	196		气象卫星数据分级	地标	业务技术
	197		气象卫星数据编目规范	地标	业务技术
	198		气象卫星数据传输规范(系列标准)	地标	业务技术
	199		气象卫星地面站数据接收技术规范(系列标准)	地标	业务技术

续表

子体系名称	序号	标准体系编号	标准名称	标准层级	标准类型
210 卫星气象	200	210.1 地面系统	气象卫星地面应用系统业务运行质量等级	地标	业务技术
	201		气象卫星地面应用系统业务运行质量评估方法	地标	业务技术
	202	210.2 遥感应用	遥感卫星辐射校正场外场试验要求	地标	业务技术
	203		卫星遥感火情监测(系列标准)	地标	业务技术
	204		卫星遥感洪涝监测技术导则	地标	业务技术
	205		卫星遥感沙尘暴天气监测技术导则	地标	业务技术
	206		极轨卫星遥感监测　第10部分:植被含水量	地标	业务技术
	207		极轨卫星遥感监测　第9部分:地表温度	地标	业务技术
	208		极轨卫星遥感监测森林火灾技术规程	地标	业务技术
	209		高寒草地遥感监测评估方法	地标	业务技术
	210		高寒积雪遥感监测评估方法	地标	业务技术
	211		地基卫星定位水汽遥感站选址技术规范	地标	业务技术
211 航空气象	212	211.2 通航气象	通航机场建设气象标准	地标	业务技术
	213		通航航路航线气象预警(系列规范)	地标	业务技术
	214		通航机场低云能见度监测预报预警(系列规范)	地标	业务技术
	215		通航气象服务平台(系列规范)	地标	业务技术
	216		气象观测基础设施建设(系列规范)	地标	业务技术
	217		通航机场选址气候可行性论证	地标	业务技术
	218		通航机载大气探测设备及应用(系列规范)	地标	业务技术
212 大气成分	219	212.1 大气监测	小型气象无人机场外作业规范	地标	业务技术
	220		反应性气体观测系统选址规范	地标	业务技术
	221		$PM_{2.5}$ 重污染生消气象条件	地标	业务技术
	222		山西省空气负氧离子浓度等级	地标	业务技术
	223		山西省环境气象业务规程	地标	业务技术
	224		山西省林业及土地利用变化温室气体清单编制规范	地标	业务技术
	225		山西省农业畜牧业温室气体清单编制规范	地标	业务技术
	226	212.2 评估预报	酸雨预报技术规范	地标	业务技术
	227		霾预报技术规程	地标	业务技术
	228		山西省重污染天气预报预警	地标	业务技术
	229		山西臭氧监测预警等级评估	地标	业务技术

续表

子体系名称	序号	标准体系编号	标准名称	标准层级	标准类型
212 大气成分	230	212.2 评估预报	空气污染扩散气象条件评估方法	地标	业务技术
	231		山西省重污染天气过程划分	地标	业务技术
	232		温室气体排放核算技术方法	地标	业务技术
	233		大气成分(反应性气体)质量控制规范	地标	业务技术
	234		大气成分(温室气体)质量控制规范	地标	业务技术
	235		气象条件对大气污染防治效果影响评估报告编制规范	地标	业务技术
	236		山西省酸雨监测评估报告编写规范	地标	业务技术
213 雷电防御	237	213.1 雷电监测	社区雷电灾害隐患排查技术规范	地标	业务技术
	238	213.2 雷电预警	雷电易发区及雷电灾害风险等级划分	地标	业务技术
	239		公共场所雷电风险等级划分	地标	业务技术
	240	213.3 雷电防护	户外广告设施防雷技术规范	地标	业务技术
	241		风电场防雷设计规范	地标	业务技术
	242		光伏电站防雷设计规范	地标	业务技术
	243		智能建筑防雷设计规范	地标	业务技术
	244		大型游乐场所防雷技术规范	地标	业务技术
	245		国家储备仓库防雷规范(系列规范)	地标	业务技术
	246		雷电灾害防御重点单位防雷安全规程	地标	业务技术
	247	213.4 防雷检测	文物建筑防雷装置检测技术规范	地标	业务技术
	248		易燃易爆场所防雷装置检测技术规范	地标	业务技术
	249		汽车加油站防雷装置检测技术规范	地标	业务技术
	250		城市轨道交通雷电防护装置检测技术规范	地标	业务技术
	251		防雷装置检测点的确定	地标	业务技术
	252		煤炭工业矿井防雷检测技术规范	地标	业务技术
	253		光伏发电站防雷装置检测技术规范	地标	业务技术
	254		煤矿防雷装置检测技术规范	地标	业务技术
	255	213.5 服务监管	企业防雷安全生产标准化及评级规范	地标	业务技术

续表

子体系名称	序号	标准体系编号	标准名称	标准层级	标准类型
213 雷电防御	256	213.6 调查评估	重大项目雷电灾害风险评估技术规范	地标	业务技术
	257		文物建筑雷电灾害风险评估	地标	业务技术
	258		爆炸和火灾危险环境雷击风险评估	地标	业务技术
214 气象综合	259	214.1 工程管理	经济开发区气象工程参数计算技术方法	地标	业务技术
	260		新建、扩建、改建建设工程避免危害气象探测环境行政审批现场踏勘规范	地标	业务技术
	261	214.2 培训管理	气象观测及装备保障人员培训规范	地标	业务技术
	262		气象预报预测业务人员培训规范	地标	业务技术
	263		气候监测预测业务人员培训规范	地标	业务技术
	264		雷电防护专业技术人员培训规范	地标	业务技术
	265		气象服务人员培训规范	地标	业务技术
	266		人工影响天气飞机作业人员培训规范	地标	业务技术
	267		人工影响天气作业指挥人员培训规范	地标	业务技术
	268		县级综合气象业务人员培训规范	地标	业务技术
	269		气象综合管理人员培训规范	地标	业务技术
	270		气象自然灾害综合风险普查培训规范	地标	业务技术
	271		气象部门党性教育课程培训规范	地标	业务技术
	272		气象教育培训流程规范	地标	业务技术
	273		气象教育培训档案管理规范	地标	业务技术
	274		气象教育培训评估规范	地标	业务技术
	275		气象教育培训需求调研规范	地标	业务技术
	276		气象教育培训计划制定规范	地标	业务技术
	277		气象教育培训课程开发规范	地标	业务技术
	278		气象教育培训课件制作规范	地标	业务技术
	279		气象教育远程培训考试考核及激励办法	地标	业务技术
	280		气象教育培训质量管理规范	地标	业务技术
	281		气象教育培训实习实训环境建设要求(系列标准)	地标	业务技术
	282		基层台站远程学习点运行管理规范	地标	业务技术
	283	214.3 社会管理	气象科学知识普及率指标规范	地标	业务技术
	284		气象行政许可工作规范	地标	业务技术
	285		气象科普教育基地创建规范	地标	业务技术

附录 1　山西省气象局 山西省市场监督管理局关于印发《山西省气象标准体系》的通知

山 西 省 气 象 局
山西省市场监督管理局 文件

晋气发〔2021〕63 号

山西省气象局 山西省市场监督管理局关于印发《山西省气象标准体系》的通知

各市气象局、市场监督管理局，各有关单位：

为推动我省气象事业高质量发展，根据山西省市场监督管理局《关于下达 2020 年度山西省标准体系项目计划的通知》（晋市监发〔2020〕216 号），山西省气象局、山西省市场监督管理局组织制定了《山西省气象标准体系》，现予印发。请各有关单位根据本标准体系并结合工作实际，积极参与气象标准制修订工作，为推进山西气象现代化和实现高质量发展提供支撑和保障。

山西省气象局　　　　山西省市场监督管理局

2021 年 12 月 1 日

附录 2　关于标准化建设的相关指示

中国将积极实施标准化战略，以标准助力创新发展、协调发展、绿色发展、开放发展、共享发展。

——习近平致第 39 届国际标准化组织大会贺信

标准是人类文明进步的成果。从中国古代的“车同轨、书同文”，到现代工业规模化生产，都是标准化的生动实践。

——习近平致第 39 届国际标准化组织大会贺信

伴随着经济全球化深入发展，标准化在便利经贸往来、支撑产业发展、促进科技进步、规范社会治理中的作用日益凸显。标准已成为世界“通用语言”。

——习近平致第 39 届国际标准化组织大会贺信

加强标准化工作，实施标准化战略，是一项重要和紧迫的任务，对经济社会发展具有长远的意义。要加强领导，提高认识，积极推进，取得实效。

——习近平在《加强标准化工作实施标准化战略的调查与建议》上的批示

致　谢

山西省气象局高度重视标准化工作，每年都将标准化工作与其他工作统筹谋划、精心安排。《山西省气象标准体系》自谋划、沟通、立项、编写、征求意见、修改、论证至验收、印发，全程历时 3 年，倾注了各位领导和编写组成员的心血和付出。在此，感谢中国气象局政策法规司标准化处各位领导的关心，感谢山西省气象局各位领导的支持，感谢山西省市场监管局各位领导的帮助，感谢山西省各市气象局、各直属单位和各内设机构的配合，感谢《山西省气象标准体系》编委会的全体成员的认真工作！

前途漫漫，唯有奋斗！标准化工作大有可为，标准体系对气象工作的支撑作用会日益凸显。感谢多年来关注、帮助山西省气象事业的单位和领导，我们将继续努力，为气象事业和地方高质量发展贡献气象力量！